数学が育っていく物語／第3週

絵　村井宗二

数学が育っていく物語／第3週

積分の世界

一様収束とフーリエ級数

志賀浩二著

岩波書店

読者へのメッセージ

　本書は，2年前に私が著わした『数学が生まれる物語』の続編として書かれたものです．『数学が生まれる物語』では，数の誕生からはじめて，2次方程式やグラフのことを述べ，さらに微積分のごく基本的な部分や，解析幾何に関係することにも触れました．それは全体としてみれば，十分とはいえないとしても，中学校から高等学校までの教育の中で取り扱われる数学を包括する物語でした．

　しかし，数学が本当に数学らしい深さと広がりをもって私たちの前に現われてくるのは，この『数学が生まれる物語』が終った場所からであるといってもよいでしょう．そこからこんどは『数学が育っていく物語』がはじまります．そこで新しく展開していく内容は，ふつうのいい方では，大学レベルの数学ということになるかもしれません．でも私は，大学での数学などという既成の枠組みは少しも念頭にありませんでした．

　私が本書を執筆するにあたって，最初に思い描いたのは，苗木から少しずつ育って大樹となっていく1本の木の姿でした．苗木の細い幹から小枝が出，小枝の先に葉がつき，季節の到来とともに，葉と葉の間から小さな花芽がふくらんできます．毎年，毎年同じようなことを繰り返しながら，木は確実に大きくなり，1本のたくましい木へと成長していきます．

　古代バビロニアにおける天体観測を通して，さまざまな数が粘土板上に記録されることになりましたが，それを数学の種子が土壌に最初にまかれたときであると考えるならば，それから現在まで4000年以上の歳月がたちました．また古代ギリシャ人の手によって，バビロニアとエジプトから数学の苗木がギリシャに移しかえられ，そこで大切に育てられたと考えても，それからすでに2500年の歴史が過ぎました．しかし，この歴史の過程の中で，数学がつねに同じ足取りで成長を続けてきたわけではありませんでした．数学が成長へ向けての大きなエネルギーを得たのは，17世紀後半からであり，その後多くのすぐれた数学者の努力により，数学は急速に発展してきました．そして科学諸分野への応用もあって，時代の文化の1つの表象とも考えられるような大きな姿を，現代数学は示すようになってきたのです．数学は大樹へと成長しました．

　本書でこの過程のすべてを描くことはもちろん不可能ですが，それでもその中

に見られる数学の育っていく姿だけは読者に伝えたいと思いました．しかしそれをどのように書いたらよいのか，執筆の構想はなかなか思い浮かびませんでした．そうしているとき，ふと，いつか庭木を掘り起こしたとき，木の根が土中深く，また細い糸のような根がはるか遠くまで延びているのに驚いたことを思い出しました．私がそのとき受けた感銘は，1本の木が育つということは，木全体が1つの総合体として育っていくことであり，土中深く根を張っていく力が，同時に花を咲かせる力にもなっているということでした．本書を著わす視点をそこにおくことにしようと，私は決めました．

　土の中で，根が少しずつ育っていく状況は，数学がその創造の過程で，暗い，まだ光の見えない所に手を延ばし，未知の真理を探し求めるさまによく似ています．私は数学のこの隠れた働きに眼を凝らし，意識を向けながら，そこからいかに多くの実りが，数学にもたらされたかを書こうと思いました．

　私は，読者が本書を通して，数学という学問は，1本の木が育つように，少しずつ確実に，そしていわば全力をつくして，歴史の中を歩んできたのだ，ということを読みとっていただければ有難いと思います．

　1994年1月

志賀浩二

第3週のはじめに

　第1週，第2週の話の基調は微分にありました．関数の動きを調べるのに，各点のごく近くの状況に注目し，最終的には極限状態で捉えた接線の傾きの変動の解析に帰着させる微分という考えは，基本的には四則演算という代数的なものとよく結びつきました．極限の地点ではじめて適用可能となった代数的方法をたよりとしながら微分概念を育て，有限から無限への道を切り拓き，そこに解析学の実り豊かな場を見出すことに18世紀数学の活力がかかっていました．ここでたどった道は，整式からベキ級数という数学の形式の中で踏み固められ，最終的には解析性というもっとも深い関数の性質を抽出させることになりました．この道はまた実数から複素数へと通ずる道でもあったのです．

　だが，考えてみると連続性も，各点ごとでグラフの連続的なつながりを見るものでしたし，微分はさらにそれを正確に解析しようとするものでした．その視点に立って見れば，関数のグラフがある点で10の1000乗分の1のような，想像することもむずかしいような微細な跳躍をしても，それは連続でなくなり，当然微分という考えの適用を拒んでしまいます．だが，私たちがふつう関数のグラフを頭におきながら，関数のことを考えているときには，このような微細な跳躍などを見ているわけではありません．関数のグラフを山の形にたとえれば，微分はこの山の尾根道に乗っている1粒の砂も見逃さないという見方になりますが，それは場合によっては厳密すぎるということもあります．私たちは山を遠望するような視点も数学の中につくっておく必要があります．自然現象の解析に数学を用いるときも，あるときは山に踏みこみ，またあるときは山からずっと離れたところからその全容を見るというような2つの異なる方法が求められます．

　この離れた所から山の全容を見るような視点を，数学は積分という概念の中で長い時間をかけて熟成し育て上げてきました．微分と積分は対照的でよく比較されます．たとえば，積分の概念にくらべれば微分の概念の方がより深いといわれます．しかし，その概念を育てるにあたっては，微分概念はそのもつ深さによって代数的な方法の導入を可能としましたが，遠くから山を見るようなある漠然とした視点に立つ積分は，それを育てる方法をどこに求めたらよいかは，すぐには見出せなかったのです．積分概念が幾何学的な面積から離れて，関数そのものへ

働きかけるように高められてくるのは，そんなにかんたんなことではなかったのです．

　積分を育てる土壌は，実は解析学そのものの中にありました．解析の基礎が少しずつ固まってくるにつれ，積分的視点が徐々に深まっていくという，互いに連関し合う曲折多い道をたどりながら，19世紀100年間を通してこの視点が育て上げられ，20世紀になってはじめて積分的世界ともいうべき広がりが数学の中に受けいれられ，展開することになりました．

　今週はこのような積分的な視点が育てられていく過程をお話ししていくことにします．この話の中から，きっと皆さんは，第1週，第2週とはまったく違う数学の風景が眼の前に広がっていくさまを感知されるでしょう．

目　次

　　　読者へのメッセージ

　　　第3週のはじめに

月曜日　　積分の定義 …………………………………… 1

火曜日　　積分の1つの働きと一様収束 ………… 29

水曜日　　関数列の微分・積分と完備性 ………… 57

木曜日　　三角多項式 ………………………………… 83

金曜日　　フーリエ級数 ……………………………… 111

土曜日　　積分的世界 ………………………………… 141

日曜日　　一様分布 …………………………………… 167

　　　問題の解答 ……………………………………… 181

　　　索　　引 ………………………………………… 189

月曜日

積分の定義

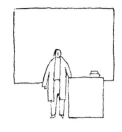

先生の話

　第1週，第2週の主題を奏でたのは，ベキ級数と微分の概念でした．この2つの異なる概念は複素数にまできて，関数のもつ解析性という性質の中で完全に融合しました．今週はこの流れとはまったく別の主題へと入っていくのですが，その前にもう一度，第1週，第2週で述べてきたことをふり返ってみましょう．

　オイラーは，第1週でも述べた『無限解析入門』の序文を次のような書き出しではじめています．

　「私は常日頃，解析学を学ぼうとする学生たちの進歩の妨げとなることは，多くは次のような点から生じていると思ってきた．学生諸君はふつうの代数学に関する知識さえ十分習得しているわけではないのに，それより一層精妙な解析学を学ぼうとする．そのため解析学のほんの初歩的な部分で，すぐに立ち止まってしまうということになる．また，そこに登場してくる無限の概念についても奇妙な考えを楽しんでいる．解析を学ぶにあたって，代数学やいままで見出された代数学の手法について，完全な知識をもつことが必要というわけではないが，それでも代数学への考察が，より深い理解を与える助けとなるような研究テーマは存在している．これらのテーマは，ふつうの代数学の教本では，まったく取り上げられていないか，あるいはいいかげんに扱われている．私がこの本の中で集めた素材は，この欠陥を埋めるに十分であると確信している．」

　そしてオイラーは，『無限解析入門』の第1巻の中で，無限級数に関して，代数的立場に立って，徹底した議論を展開し驚くべき多くの結果を導いたのでした．この級数を通して得られた無限演算の中にひそんでいた代数性は，テイラー級数を通して，微分のもつ代数性と結びついたのです．微分は，関数の局所的な様相に完全に焦点を絞りました．それによって，四則演算と同じような自由さで多

くの関数に対して何回でも微分することができるような，それは見方によっては算術的であるとさえいえるような，関数に対する新しい演算の方法を獲得したのでした．

オイラー以後100年を要して，オイラーが序文の中でいっていた"無限概念についての奇妙な考え"は，極限概念にまつわるいろいろな概念の明確化によって，ひとまず姿を消してしまいました．その過程ではっきりとした形で取り出され，定式化された"無限演算"は，ワイエルシュトラスによって"解析の算術化"というモットーで整理されましたが，それはオイラーの思想を結晶させたものであったといってよいのかもしれません．

しかし再び実数にもどって，改めて関数 $y=f(x)$ を考えてみようとすると，私たちはそこにどうしても座標平面上に描かれた $y=f(x)$ のグラフのことを想像してしまいます．抽象的な関数概念は，グラフを通して具象化されてきます．関数概念の成立の過程には，自然現象の観測結果を数量的に記述しようとする遠い昔からの試みがありました．観測結果を時間 x に関するデータとして，座標平面上の点として表わしていけば，時間間隔をせばめていくにつれこれらの点はしだいに1つの曲線を描き，ある関数 $y=f(x)$ を表象してくることになるでしょう．私たちが，関数はたくさんあり，それら1つ1つは自由に変化しながら，あるときは大きく波打ち，あるときは細かな微細な揺れを繰り返しながら，どこまでも走っていくと考えるのは，このような表象を通して，関数概念を捉えているからでしょう．私たちはこのとき，関数を表わす数式の形を考えて関数を認識しているわけではありません．関数概念の認識と，代数的な表現を通しての演算とは，本来まったく無縁なところにあるといってもよいのでしょう．この視点を強めていくと，オイラーが『無限解析入門』で示した代数的な見方はしだいに薄れていくのです．

かわって，関数の動きをグラフを通して大域的に捉えようとする解析の方向が求められてきます．それは微分のように，局所的なところに視点を絞って，そこから演算的なものを引き出してくるよう

なものとは，まったく対照的な立場に立つことになるでしょう．それは関数のグラフの変動を少し離れたところから俯瞰するような積分的視点をとることを意味します．積分概念は，グラフのつくる図形の面積を求める試みから生まれてきましたが，その生まれた場所からもわかるように，積分はグラフの形に密着しています．ある範囲にわたる関数の変動のようすは，そのグラフの面積を，さまざまな仕方で測ってみることによって，捉えることができるに違いありません．そしてその過程で，積分は面積概念から独立し，解析学の主要な方法として育っていくことになります．

今週はこのような，広い意味での積分的な立場に立ったとき，解析学はどのような姿を示してくるかを，お話ししていこうと思います．

一様連続性

関数の変化する状態を，グラフを通して俯瞰するように見るとはどういうことかを，まず一様連続性という考えを説明することで示してみよう．

ある区間で定義された関数 $y=f(x)$ が連続であるとは，区間に属している各点 a で，$x \to a$ ならば $f(x) \to f(a)$ が成り立つことである．1点に近づく状況だけならば，連続の定義はこれで十分だけれど，区間に属している2点 a, b をとって，変数 x と x' が a, b にそれぞれ同じ近さまで近づいたとき，たとえば

$$|x-a|<\delta, \quad |x'-b|<\delta$$

が成り立ったとき，$f(x)$ と $f(x')$ はそれぞれどの範囲まで $f(a)$ と $f(b)$ に近づいたのか，を問題にすると，a, b のとり方でいろいろな状況が起きることが推察されるだろう．

このことを，$\left[0, \dfrac{\pi}{2}\right)$ の範囲で考えた $y = \tan x$ について調べてみることにしよう．$y=\tan x$ のグラフは x が $\dfrac{\pi}{2}$ に近づくにつれ，増加度が増して急勾配となっていく．このため図を見てもわかるように，連続性の条件

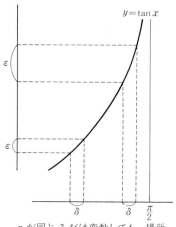

x が同じ δ だけ変動しても，場所によって y の変動 ε は大きくなる

"正数 ε に対して，ある正数 δ が決まって
$$|x-a|<\delta \quad \text{ならば} \quad |\tan x - \tan a| < \varepsilon$$
となる"

において，ε と δ の相関関係は，a が $\dfrac{\pi}{2}$ に近づくと微妙に変わってくるだろう．すなわち a が $\dfrac{\pi}{2}$ に近づくにつれ，x の $\dfrac{1}{100}$ 程度の変動に対して，$\tan x$ の変動の幅 ε は大きな値となってくるだろう．逆の見方でいえば，$\tan x$ の方の変動幅 ε を 1 以内に押えておこうとすれば，a が $\dfrac{\pi}{2}$ に近づくとき，x の変動幅 δ はしだいに小さくとっておかなくてはならないだろう．

この推測を数値の上から少し確かめておいてみよう．まず $\dfrac{\pi}{2} \fallingdotseq 1.57$ に注意しよう．この 1.57 の少し手前で，x と $\tan x$ の変動のようすを調べてみることにする．

δ を一定値 $\dfrac{1}{100}$ としたときの ε の大きさ：

$|x-1.3| < \dfrac{1}{100}$ ならば $|\tan x - \tan 1.3| < 0.15$
$\quad$ ($\tan 1.30 \fallingdotseq 3.602$, $\tan 1.31 \fallingdotseq 3.747$)

$|x-1.4| < \dfrac{1}{100}$ ならば $|\tan x - \tan 1.4| < 0.37$
$\quad$ ($\tan 1.40 \fallingdotseq 5.798$, $\tan 1.41 \fallingdotseq 6.165$)

$|x-1.53| < \dfrac{1}{100}$ ならば $|\tan x - \tan 1.53| < 7.97$
$\quad$ ($\tan 1.53 \fallingdotseq 24.498$, $\tan 1.54 \fallingdotseq 32.461$)

右に書いてある $\tan x$ の変動の範囲は概略の範囲であるが，これを見ると，x が $\dfrac{\pi}{2}$ に近づくにつれてこの範囲がしだいに大きくなっていることがわかる．それは連続の度合がしだいに崩れていく状況を示しているといってもよいだろう．

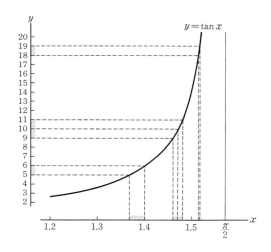

ε を一定値 1 としたときの δ の大きさ：

$|x-1.107|<0.32$　ならば　$|\tan x-\tan 1.107|<1$

　　　　　　　　($\tan 0.7854 \fallingdotseq 1$,　$\tan 1.1071 \fallingdotseq 2$)

$|x-1.471|<0.01$　ならば　$|\tan x-\tan 1.4711|<1$

　　　　　　　　($\tan 1.4601 \fallingdotseq 9$,　$\tan 1.4711 \fallingdotseq 10$)

$|x-1.5508|<0.0004$　ならば　$|\tan x-\tan 1.5508|<1$

　　　　　　　　($\tan 1.55039 \fallingdotseq 49$,　$\tan 1.55080 \fallingdotseq 50$)

左に書いてある x の変動の範囲は，x が $\dfrac{\pi}{2}$ に近づくにつれて急速に小さくなっていく．

　この例でもわかるように，δ と ε の互いの相関が，連続性の条件に含まれている x と y の変動についてのある種の"度合"を各点で決めているのである．したがって考えている区間のすべての点で，この δ と ε のバランスがとれているようなときには，関数はこの区間で，一様な連続性を保っているといってもよいだろう．それが次の定義の意味である．

> **定義** ある区間で定義された連続関数 $y=f(x)$ が次の性質をみたすとき，この区間で**一様連続**であるという．どんな正数 ε をとっても，ある正数 δ が存在して，区間の中から任意にとった点 x, x' が
> $$|x-x'|<\delta$$
> をみたしているならば
> $$|f(x)-f(x')|<\varepsilon$$
> が成り立っている．

すなわち，変数 x の δ だけの変動は，区間のどこで考えても，$f(x)$ の方には ε 以内の変動としてキャッチされてくるというのである．上にみたように，$y=\tan x$ は x が $\frac{\pi}{2}$ に近づくにつれ，ε を1つ決めておいても，δ はどんどん小さい値をとらなくてはいけなくなる．したがって $y=\tan x$ は区間 $\left[0, \frac{\pi}{2}\right)$ では一様連続ではないのである．

一様連続性についての定理

次の定理を証明しよう．

> **定理** 閉区間 $[a,b]$ で定義された連続関数 $f(x)$ は，$[a,b]$ で一様連続である．

［証明］ 一様連続でなかったとして矛盾の生ずることをみてみよう．$f(x)$ が一様連続でなかったとすると，上の定義で"どんな正数 ε をとっても，ある正数 δ があって"を否定することになる．否定した結果は次のようになる．**ある正数** ε_0 **があって，どんな正数** δ をとっても，適当な x をとると，x から x' への変動幅が δ 以内であったとしても，$f(x)$ から $f(x')$ への変動幅は ε_0 を越しているという状況が起きる．すなわち，適当な x, x' をとると
$$|x-x'|<\delta \quad \text{で} \quad |f(x)-f(x')|\geqq \varepsilon_0$$
が成り立つ．

δ をどんどん小さくとっていく過程をわかりやすくするため, $\delta = 1, \frac{1}{2}, \frac{1}{3}, \cdots, \frac{1}{n}, \cdots$ にとり, 対応する x, x' を x_n, x_n' と表わすことにしよう. そうすると, 適当な x_n, x_n' をとると

$$|x_n - x_n'| < \frac{1}{n} \tag{1}$$

$$|f(x_n) - f(x_n')| \geqq \varepsilon_0 \quad (n=1,2,\cdots) \tag{2}$$

が成り立つと仮定していることになる.

まず (1) に現われている数列 $\{x_n\}$ に注目することにして, 第2週, 月曜日で連続関数の最大, 最小の存在を示したときと同じように

$$\tilde{x}_n = \sup\{x_n, x_{n+1}, \cdots\}$$

とおくことにしよう. この右辺の上限が実際存在することは $x_n \leqq b$ ($n=1,2,\cdots$) からわかる. $\tilde{x}_n$ は明らかに $a \leqq \tilde{x}_n \leqq b$ をみたしている. 次に単調減少数列

$$\tilde{x}_1 \geqq \tilde{x}_2 \geqq \cdots \geqq \tilde{x}_n \geqq \cdots \quad (\geqq a)$$

の極限値を $\tilde{x}_0$ とする. $\tilde{x}_0$ もまた $a \leqq \tilde{x}_0 \leqq b$ をみたしているから, 区間 $[a,b]$ に属している.

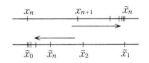

$\lim \tilde{x}_k = \tilde{x}_0$ だから, どんな自然数 k に対しも

$$|\tilde{x}_0 - \tilde{x}_k| < \frac{1}{k}$$

となる $\tilde{x}_k$ があり, この $\tilde{x}_k$ に対して, 上限の定義から $n_k \geqq k$ で

$$|\tilde{x}_k - x_{n_k}| < \frac{1}{k}$$

となる x_{n_k} がある. したがって

$$|\tilde{x}_0 - x_{n_k}| \leqq |\tilde{x}_0 - \tilde{x}_k| + |\tilde{x}_k - x_{n_k}| < \frac{2}{k} \longrightarrow 0 \quad (k \to \infty)$$

により

$$\tilde{x}_0 = \lim_{k \to \infty} x_{n_k} \tag{3}$$

であることがわかる.

次に (1) に現われているもう1つの数列 $\{x_n'\}$ の方から, この $\{x_{n_k}\}$ に対応する部分点列 $\{x_{n_k}'\}$ をとると, (1) から明らかに

$$\tilde{x}_0 = \lim_{k \to \infty} x_{n_k}' \qquad (4)$$

も成り立つ.

(2)から

$$|f(x_{n_k}) - f(x_{n_k}')| \geqq \varepsilon_0$$

であるが，ここで $k \to \infty$ とすると，$f(x)$ は連続だから，(3)と(4)より $f(x_{n_k}) \to f(\tilde{x}_0)$, $f(x_{n_k}') \to f(\tilde{x}_0)$ となり，したがって

$$0 = |f(\tilde{x}_0) - f(\tilde{x}_0)| \geqq \varepsilon_0$$

これは明らかに矛盾である．したがって $f(x)$ は $[a, b]$ で一様連続でなければならない． （証明終り）

積分と面積

　図で示したような関数 $y = f(x)$ のグラフがあると，a から b までの間で，グラフのつくる図形(カゲをつけてある部分)の面積が考えられるが，ふつうはそれがそのまま積分

$$\int_a^b f(x) dx$$

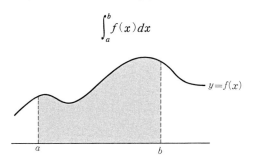

の定義になっている．たとえばもっとも簡単な $f(x) = 1$ (定数関数)のときと，$f(x) = x$ のときには，図から明らかに

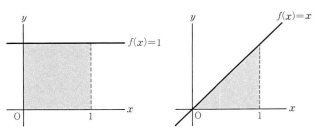

$$\int_0^1 1\,dx = 1, \qquad \int_0^1 x\,dx = \frac{1}{2}$$

である．

『数学が生まれる物語』第6週で話したように

$$\int_0^1 x^n\,dx = \frac{1}{n+1} \qquad (n = 0, 1, 2, \cdots)$$

であり，また

$$\int_0^{\frac{\pi}{2}} \sin x\,dx = 1$$

である．関数 $y = f(x)$ が，正と負の値をとり，グラフが下の図のようになっているときには，$\int_c^d f(x)dx,\ \int_e^b f(x)dx$ の値は，それぞれ cd, eb 間のカゲをつけた部分の面積にマイナスをつけたものとし

$$\int_a^b f(x)dx = \int_a^c f(x)dx + \int_c^d f(x)dx + \int_d^e f(x)dx + \int_e^b f(x)dx$$

とすることも知っている．この右辺の各項は，順に正，負，正，負となっている．

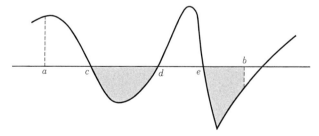

しかし私たちはここでは，連続でない関数に対しても積分の定義を与えることができるようにしたい．そのように問題意識を広げてみると，積分とは，グラフのつくる図形の面積であるという言い方が少し曖昧なような気もしてくるのである．なぜかというと，たとえ連続関数としても，私たちがとても書ききれないような複雑なグラフを示す関数もあるだろうし，そのようなとき面積とは何かという問題が当然生じてくるからである．もともと面積とは，幾何学的直観に支えられている概念である．積分概念が，遠い文明の起源に

までさかのぼるような面積の考えから出発し,育てられてきたことは,数学の歴史にとって大切なことだったけれど,解析学の発展にともなって,関数の概念の方がどんどん広がってくれば,ひとまずその育成されてきた場所から離れて,関数概念そのものに根ざした積分を定義しておくことが必要となってくるだろう.これから,グラフや面積の考えとは独立に,純粋に関数概念から出発した場合,積分の定義はどのように与えられるかを,述べてみることにしよう.

積分の導入に向けて—近似の過程

これから考える関数 $f(x)$ は,閉区間 $[a,b]$ で定義されているとする.条件としては,有界性だけをおく.すなわちある正数 K が存在して

$$|f(x)| \leqq K$$

がつねに成り立っているとする. $f(x)$ の連続性など,何も仮定しない.

この有界性の仮定から次のことがわかる. $[a,b]$ に含まれている区間 I を任意にとったとき, I 上で $f(x)$ のとる値の全体は,数直線上で(y 軸上で)有界な集合をつくるから,

$$m_I = \inf_{x \in I} f(x), \qquad M_I = \sup_{x \in I} f(x)$$

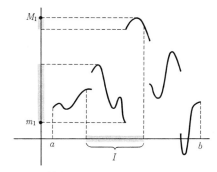

y 軸上でカゲをつけている部分は
I 上で $f(x)$ のとる値の集合

が存在する．

このとき，2つの区間 I, J に対してもし $I \supset J$ ならば，$f(x)$ が J 上でとる値の集合は，I 上でとる値の集合よりは小さくなるから

$$I \supset J \quad \text{ならば} \quad m_I \leqq m_J, \quad M_I \geqq M_J \tag{5}$$

が成り立つことになる．

いま，区間 $[a, b]$ の中に適当に有限個の点

$$(a <) x_1 < x_2 < \cdots < x_k < \cdots < x_{n-1} (< b)$$

をとり，これを分点として，区間 $[a, b]$ を細分する：

$$[a, b] = [a, x_1] \cup [x_1, x_2] \cup \cdots \cup [x_{k-1}, x_k] \cup \cdots \cup [x_{n-1}, b]$$

記号を扱いやすくするためには

$$x_0 = a, \quad x_n = b, \quad I_k = [x_{k-1}, x_k]$$

とし

$$[a, b] = I_1 \cup I_2 \cup I_3 \cup \cdots \cup I_k \cup \cdots \cup I_n$$

と書いた方がよいだろう．そしてこの分割を記号 $\mathcal{I}$ で表わすことにしよう．

そこで，各区間 I_k から1つずつ点をとり，それを

$$\xi_1 \in I_1, \, \xi_2 \in I_2, \, \cdots, \, \xi_k \in I_k, \, \cdots, \, \xi_n \in I_n$$

とし，

$$\sum_{k=1}^{n} f(\xi_k)(x_k - x_{k-1})$$

を考察の対象とするのである．いま

$$m_k = \inf_{x \in I_k} f(x), \quad M_k = \sup_{x \in I_k} f(x)$$

とすると，明らかに

$$\sum_{k=1}^{n} m_k(x_k - x_{k-1}) \leqq \sum_{k=1}^{n} f(\xi_k)(x_k - x_{k-1}) \leqq \sum_{k=1}^{n} M_k(x_k - x_{k-1}) \tag{6}$$

が成り立っている．

この不等号の両側に現われた式を，それぞれ $\underline{\sum}(\mathcal{I})$, $\overline{\sum}(\mathcal{I})$ と表

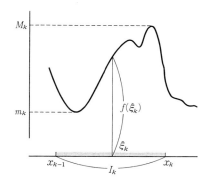

わすことにする：

$$\underline{\Sigma}(\mathscr{I}) = \sum_{k=1}^{n} m_k(x_k - x_{k-1}), \quad \overline{\Sigma}(\mathscr{I}) = \sum_{k=1}^{n} M_k(x_k - x_{k-1})$$

区間 $[a, b]$ に別に分点 $a = \tilde{x}_0, \tilde{x}_1, \tilde{x}_2, \cdots, \tilde{x}_{m-1}, \tilde{x}_m = b$ をとって，分割

$$\mathscr{J} : [a, b] = J_1 \cup J_2 \cup \cdots \cup J_l \cup \cdots \cup J_m, \quad J_l = [\tilde{x}_{l-1}, \tilde{x}_l]$$

を考えると，対応して

$$\underline{\Sigma}(\mathscr{J}) = \sum_{l=1}^{m} \tilde{m}_l(\tilde{x}_l - \tilde{x}_{l-1}), \quad \overline{\Sigma}(\mathscr{J}) = \sum_{l=1}^{m} \tilde{M}_l(\tilde{x}_l - \tilde{x}_{l-1})$$

を考えることができる．$\tilde{m}_l$, $\tilde{M}_l$ は，それぞれ J_l 上の $f(x)$ の inf と sup である．

この2つの分割 $\mathscr{I}$ と $\mathscr{J}$ に対し，$\underline{\Sigma}(\mathscr{I})$ と $\underline{\Sigma}(\mathscr{J})$，$\overline{\Sigma}(\mathscr{I})$ と $\overline{\Sigma}(\mathscr{J})$ の大小関係は一般にはわからない．しかし，$x_1, x_2, \cdots, x_{n-1}$; $\tilde{x}_1, \tilde{x}_2, \cdots, \tilde{x}_{m-1}$ をすべてとって，もう一度区間 $[a, b]$ を分割して

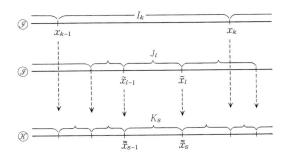

$$\mathcal{K}: [a,b] = K_1 \cup K_2 \cup \cdots \cup K_s \cup \cdots \cup K_t \qquad (7)$$

とし，対応して $\underline{\sum}(\mathcal{K})$, $\overline{\sum}(\mathcal{K})$ とを考えると，こんどははっきりした大小関係が得られるのである．

♣ このようにして得られた区間 $K_1, K_2, \cdots, K_t$ はすべて，ある I_k の細分になっているし，またある J_l の細分になっている．集合演算の記号になれた人ならば，上の分割(7)は

$$[a,b] = \bigcup_{k,l} (I_k \cap J_l)$$

と書いた方がわかりやすいだろう．もちろんこう書いたときには右辺のカッコの中には空集合も含まれている．

実際，次のことが成り立つ．

$$\underline{\sum}(\mathcal{I}), \underline{\sum}(\mathcal{J}) \leqq \underline{\sum}(\mathcal{K}) \leqq \overline{\sum}(\mathcal{K}) \leqq \overline{\sum}(\mathcal{I}), \overline{\sum}(\mathcal{J}) \qquad (8)$$

すなわち，$\underline{\sum}(\mathcal{K})$ は $\underline{\sum}(\mathcal{I})$, $\underline{\sum}(\mathcal{J})$ のどちらよりも大きく（＝も含めて），$\overline{\sum}(\mathcal{K})$ は $\overline{\sum}(\mathcal{I})$, $\overline{\sum}(\mathcal{J})$ のどちらよりも小さい（＝も含めて）のである．

［証明］ まず，$\underline{\sum}(\mathcal{I}) \leqq \underline{\sum}(\mathcal{K})$ を示そう．

これをみるために，たとえば $\mathcal{I}$ の1つの区間 I_k が，$\mathcal{J}$ の分点 $\tilde{x}_p, \cdots, \tilde{x}_q$ で細分されているとする．そうすると

$$[x_{k-1}, x_k] = [x_{k-1}, \tilde{x}_p] \cup [\tilde{x}_p, \tilde{x}_{p+1}] \cup \cdots \cup [\tilde{x}_q, x_k]$$

となる．この右辺は，分割 $\mathcal{K}$ の中の区間の和となっている．対応して各区間でとる $\inf f(x)$ の値を

$[x_{k-1}, x_k]$ 上では m_k

$[x_{k-1}, \tilde{x}_p]$ 上では $\tilde{\tilde{m}}_p$

$[\tilde{x}_p, \tilde{x}_{p+1}]$ 上では $\tilde{\tilde{m}}_{p+1}$

$\cdots\cdots\cdots$

$[\tilde{x}_q, x_k]$ 上では $\tilde{\tilde{m}}_k$

とする．そうすると(5)から

$$m_k \leqq \tilde{\tilde{m}}_p, \quad m_k \leqq \tilde{\tilde{m}}_{p+1}, \quad \cdots, \quad m_k \leqq \tilde{\tilde{m}}_k$$

となることがわかる．

したがって

$$m_k(x_k-x_{k-1})$$
$$= m_k\{(\tilde{x}_p-x_{k-1})+(\tilde{x}_{p+1}-\tilde{x}_p)+\cdots+(x_k-\tilde{x}_q)\}$$
$$= m_k(\tilde{x}_p-x_{k-1})+m_k(\tilde{x}_{p+1}-\tilde{x}_p)+\cdots+m_k(x_k-\tilde{x}_q)$$
$$\leqq \tilde{\tilde{m}}_p(\tilde{x}_p-x_{k-1})+\tilde{\tilde{m}}_{p+1}(\tilde{x}_{p+1}-\tilde{x}_k)+\cdots+\tilde{\tilde{m}}_k(x_k-\tilde{x}_q)$$

この両辺を $k=1,2,\cdots,n$ について加えると

$$\underline{\sum}(\mathscr{J}) \leqq \underline{\sum}(\mathscr{K})$$

が成り立つことが証明された．同様にして $\underline{\sum}(\mathscr{J})\leqq\underline{\sum}(\mathscr{K})$ もいえる．

(5)により，$\sup f(x)$ の方は，区間を細分すると，その値は減少するから，同じ考えで

$$\overline{\sum}(\mathscr{K}) \leqq \overline{\sum}(\mathscr{J}),\ \overline{\sum}(\mathscr{J})$$

を証明することができる．また

$$\underline{\sum}(\mathscr{K}) \leqq \overline{\sum}(\mathscr{K})$$

が成り立つことは明らかである．　　　　　　　　　　（証明終り）

積分の定義

(6)を再記しておこう．

$$\sum_{k=1}^n m_k(x_k-x_{k-1}) \leqq \sum_{k=1}^n f(\xi_k)(x_k-x_{k-1}) \leqq \sum_{k=1}^n M_k(x_k-x_{k-1})$$

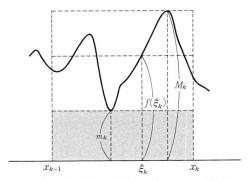

カゲをつけた部分の面積が $m_k(x_k-x_{k-1})$ である

ここで $-K\leqq f(x)\leqq K$ を仮定していたから，$-K\leqq m_k\leqq M_k\leqq K$ で

あり，したがって $b-a = \sum_{k=1}^{n}(x_k - x_{k-1})$ に注意すると

$$-K(b-a) \leq \sum_{k=1}^{n} m_k(x_k - x_{k-1}) \leq \sum_{k=1}^{n} M_k(x_k - x_{k-1}) \leq K(b-a)$$

が成り立つことがわかる．したがって $[a,b]$ の分割 $\mathscr{I}$ をいろいろにとったとき，

$$\underline{\sum}(\mathscr{I}) = \sum_{k=1}^{n} m_k(x_k - x_{k-1})$$

の値の集合は上に有界であり，したがって上限が存在する．この上限を $\underline{\int_a^b} f(x)dx$ と表わす：

$$\underline{\int_a^b} f(x)dx = \sup\{\underline{\sum}(\mathscr{I}) \; ; \; \mathscr{I} \text{ は } [a,b] \text{ の分割}\} \quad (9)$$

そして $\underline{\int_a^b} f(x)dx$ を $f(x)$ の $[a,b]$ における**下積分**という．

同じように

$$\overline{\sum}(\mathscr{I}) = \sum_{k=1}^{n} M_k(x_k - x_{k-1})$$

の下限を考えることにより，$f(x)$ の $[a,b]$ における**上積分**を

$$\overline{\int_a^b} f(x)dx = \inf\{\overline{\sum}(\mathscr{I}) \; ; \; \mathscr{I} \text{ は } [a,b] \text{ の分割}\} \quad (10)$$

によって定義する．

(9)と(10)の上限と下限の意味を考えると，どんな小さな正数 ε をとっても

ある分割 $\mathscr{I}$ で $\quad \underline{\int_a^b} f(x)dx < \underline{\sum}(\mathscr{I}) + \varepsilon$

ある分割 $\mathscr{J}$ で $\quad \overline{\int_a^b} f(x)dx > \overline{\sum}(\mathscr{J}) - \varepsilon$

となる．$\mathscr{I}$ と $\mathscr{J}$ をあわせて得られる細分割を $\mathscr{K}$ とすると，(8)により $\underline{\sum}(\mathscr{I}) \leq \underline{\sum}(\mathscr{K})$，$\overline{\sum}(\mathscr{J}) \geq \overline{\sum}(\mathscr{K})$ だから

$$\underline{\int_a^b} f(x)dx < \underline{\sum}(\mathscr{K}) + \varepsilon, \quad \overline{\int_a^b} f(x)dx > \overline{\sum}(\mathscr{K}) - \varepsilon$$

となる．この2式から

$$\underline{\int_a^b} f(x)dx < \overline{\int_a^b} f(x)dx + 2\varepsilon$$

ε はどんな小さな正数としてもよかったのだから，結局

$$\underline{\int_a^b} f(x)dx \leqq \overline{\int_a^b} f(x)dx$$

が示された．

> **定義** 閉区間 $[a,b]$ で定義されている有界な関数 $f(x)$ に対して
>
> $$\underline{\int_a^b} f(x)dx = \overline{\int_a^b} f(x)dx$$
>
> が成り立つとき，$f(x)$ は $[a,b]$ で**積分可能**であるといい，この下積分と上積分の一致した値を
>
> $$\int_a^b f(x)dx$$
>
> で表わし，$f(x)$ の a から b までの**積分**という．

実は，下積分，上積分について次のことが知られている．

区間 $[a,b]$ の分点

$$a = x_0 < x_1 < x_2 < \cdots < x_k < \cdots < x_n = b$$

をとると，これから区間 $[a,b]$ の分割 $\mathscr{I}$ が決まって $\underline{\Sigma}(\mathscr{I})$, $\overline{\Sigma}(\mathscr{I})$ を考えることができる．ここで分点をどんどん増して，

$$\mathrm{Max}(x_k - x_{k-1}) \longrightarrow 0 \tag{11}$$

をみたすようにとると，$\underline{\Sigma}(\mathscr{I})$, $\overline{\Sigma}(\mathscr{I})$ の値は，無条件に必ず

$$\underline{\Sigma}(\mathscr{I}) \longrightarrow \underline{\int_a^b} f(x)dx$$

$$\overline{\Sigma}(\mathscr{I}) \longrightarrow \overline{\int_a^b} f(x)dx$$

となる．要するに下積分，上積分に達するためには，分点を特別にとっていかなくとも，最大幅が 0 となるようにとっていけばよいというのである．これを**ダルブーの定理**というが，ここでは証明は省略する．

この結果から，もし $f(x)$ が積分可能ならば，(6)の式で，(11)の条件をみたすように分点を増していくと，

$$\sum m_k(x_k - x_{k-1}) \longrightarrow \int_a^b f(x)dx, \quad \sum M_k(x_k - x_{k-1}) \longrightarrow \int_a^b f(x)dx$$

となるのだから，結局，(6)の不等式の真中の式も，はさまれて

$$\sum_{k=1}^n f(\xi_k)(x_k - x_{k-1}) \longrightarrow \int_a^b f(x)dx$$

となることがわかった．

要約すると次のようになる．

閉区間 $[a, b]$ で定義された有界な関数 $f(x)$ が**積分可能のとき**

（ⅰ） 分点

$$a = x_0 < x_1 < x_2 < \cdots < x_k < \cdots < x_n = b$$

を**任意に**とり，

（ⅱ） 各区間 $[x_{k-1}, x_k]$ から**任意に**点 ξ_k をとり，

（ⅲ） 有限和

$$\sum_{k=1}^n f(\xi_k)(x_k - x_{k-1})$$

を考える．

（ⅳ） 分点の最大幅 $\operatorname*{Max}_{1 \leq k \leq n}(x_k - x_{k-1})$ が 0 に近づくように，分点の数を増していくと，(ⅲ)の和はしだいに一定値に近づく．この極限値を，$f(x)$ の a から b までの積分といい，$\int_a^b f(x)dx$ と表わす．

連続関数は積分可能

このように，面積の考えとは切り離して積分の概念を定義したことによって，解析の立場から見ると，積分はずいぶんすっきりしてきたといってよい．なぜかというと，関数 $f(x)$ のグラフといっても，このグラフが，テレビを通して伝えられる大地震のときの地震計の針の動きのように，大きく不規則な振幅ではげしく上下するようなときには，たとえグラフがつながっているとしても，このグラフのつくる図形の面積などはっきりしないものになってくるからで

ある．

　時間とともに変化する自然現象の多様さを考えると，それを数学的に表現する関数は，たとえ連続関数といっても，実に複雑なものも含むことになるだろう．そのことを思いやらないと，次の定理の重さがよく伝わらないかもしれない．

> **定理** 閉区間 $[a, b]$ で定義された連続関数は積分可能である．

［証明］この証明に用いる連続関数の性質は次の2つである．

（ⅰ）閉区間 $[a, b]$ 上で定義された連続関数は，有界である（第2週，月曜日）．

（ⅱ）$[a, b]$ で定義された連続関数は一様連続である．

　いま，区間 $[a, b]$ 上で定義された連続関数 $f(x)$ を考えることにしよう．（ⅰ）によって $f(x)$ は有界だから，$f(x)$ の下積分と上積分

$$\underline{\int_a^b} f(x)dx \quad と \quad \overline{\int_a^b} f(x)dx$$

を考えることができる．この2つが一致することを示せばよい．

　正数 ε を1つとると，（ⅱ）により $f(x)$ は $[a, b]$ で一様連続だから，適当な正数 δ をとると，区間内の2点 x, x' に対し

$$|x-x'|<\delta \quad ならば \quad |f(x)-f(x')|<\varepsilon$$

が成り立つ．そこで区間 $[a, b]$ の分点

$$a = x_0 < x_1 < x_2 < \cdots < x_k < \cdots < x_n = b$$

を十分細かくとって

$$\underset{1\leqq k\leqq n}{\mathrm{Max}}(x_k-x_{k-1})<\delta$$

とする．そうすると，各区間 $I_k = [x_{k-1}, x_k]$ での $f(x)$ の変動幅はすべて ε 以下となる．したがって

$$\sup_{x\in I_k} f(x) - \inf_{x\in I_k} f(x) \leqq \varepsilon$$

となる．(6)で用いた記号では，この式は

$$M_k - m_k \leqq \varepsilon \tag{12}$$

と書いてもよい．したがって(6)を参照しながら書くことにすると

$$\sum_{k=1}^{n} M_k(x_k - x_{k-1}) - \sum_{k=1}^{n} m_k(x_k - x_{k-1})$$

$$= \sum_{k=1}^{n} (M_k - m_k)(x_k - x_{k-1})$$

$$\leqq \varepsilon \sum_{k=1}^{n} (x_k - x_{k-1}) \qquad ((12)による)$$

$$= \varepsilon(b-a)$$

ここで

$$\overline{\int_a^b} f(x)dx \leqq \sum_{k=1}^{n} M_k(x_k - x_{k-1})$$

$$\underline{\int_a^b} f(x)dx \geqq \sum_{k=1}^{n} m_k(x_k - x_{k-1})$$

に注意すると，結局

$$\overline{\int_a^b} f(x)dx - \underline{\int_a^b} f(x)dx \leqq \varepsilon(b-a)$$

が得られた．ε はどんな小さな正数にもとれるのだから，これで $\overline{\int_a^b} f(x)dx = \underline{\int_a^b} f(x)dx$ がいえて，$f(x)$ の積分可能性が示されたことになる． （証明終り）

歴史の潮騒

18 世紀までは，積分は微分の逆演算という見方が主流であった．微分と積分という互いに相補的な 2 つの演算のメカニズムを追求していくことにより，18 世紀の 100 年を通して，解析学は大きく成長したのである．積分を微分の逆演算としてみる見方は，不定積分とよばれている．よく知られているように，たとえば $(\sin x)' = \cos x$ だから $\cos x$ の不定積分は $\sin x$ であって，$\int \cos x\, dx = \sin x$ （一般にはここに積分定数を加える）と書くのである．それに対し，素朴な面積概念に支えられながら，ここで述べたように区間 $[a, b]$ 上の（積分可能な）関数 $f(x)$ に対して厳密に定義された量 $\int_a^b f(x)dx$ を定積分という．ここでは，私たちは，定積分の方を単に積分とい

うことにしている．

　積分を厳密に定義するためには，極限概念がまずはっきりと取り出されなくてはいけない．これは前にも述べた1820年代初頭のコーシーの講義録によってはじめて試みられ，近代解析学の幕開けとなったのである．コーシーは1823年に出版された『無限小解析学要綱』という講義録において，積分の定義を，今ではふつうの微積分の教科書に述べられているような形で与えた．それは区間$[a,b]$で定義された関数$f(x)$に対し，分点$a=x_0<x_1<x_2<\cdots<x_{n-1}<x_n=b$をとり，まず和
$$S = f(x_0)(x_1-x_0)+f(x_1)(x_2-x_1)+\cdots+f(x_{n-1})(x_n-x_{n-1})$$
を考える．そして，連続関数$f(x)$は一様連続性をもつことを暗に認めた形で，$f(x)$が連続のときには，$\max_{1\leq k\leq n}(x_k-x_{k-1})\to 0$とすると，$S$は一定の極限値に近づくことを示し，その上でこの極限値を$\int_a^b f(x)dx$と定義したのである．

　コーシー自身の仕事の中では暗黙の了解のうちに用いられ，いわばなお十分眼覚めることのなかった一様連続性の概念はハイネによってはじめてはっきりと取り出された．それはこれから約50年たった1872年の論文『関数論の基礎』においてであった．ハイネはこの論文の中で，私たちが今日示した定理"区間$[a,b]$上で定義された連続関数は一様連続である"ことも証明している．

　積分概念をいっそう明確にしたのはリーマンである．リーマンは1854年ゲッチンゲン大学のHabilitation（大学講師就任のための資格をとる論文；第6週参照）として『三角級数による関数の表示について』を提出した．この論文の第1節で，リーマンはベルヌーイ，ダランベール，オイラー，ラグランジュによって18世紀に行なわれた三角級数の発展の経過を述べ，それがフーリエによって関数表示の理論へと大成したこと，さらにこれに関するディリクレの研究に触れている．また今まで三角級数として表わされる関数としては，積分可能性をもち，さらに無限個の極大値，極小値をとることがないような関数だけが対象となってきたと述べている．

　それに続く第2節は標題を"定積分の概念とその適用範囲"とし，

その冒頭を次のような文章からはじめている．

「定積分についての学説についてなおいくつかの基本的な点で不確かさが残っている以上，ここで定積分の概念とその概念の適用範囲についてあらかじめいくらかのことを述べておくことは必要である

したがって最初に問題となるのは：$\int_a^b f(x)dx$ を何と理解したらよいのだろうか？」

このようにリーマンは積分概念の明確化をはっきりとした問題意識としてもっていたのである．このあとリーマンは私たちがここで述べたような形で定積分の概念を導入する．そして(6)で用いた記号をそのまま使うと，区間 $[x_{k-1}, x_k]$ における $f(x)$ の"振幅"

$$\delta_k = M_k - m_k$$

に注目し，$f(x)$ が積分可能な関数となる条件として

$$\sum_{k=1}^n \delta_k (x_k - x_{k-1}) \longrightarrow 0 \qquad (\text{Max}(x_k - x_{k-1}) \to 0 \text{ のとき})$$

を与えている．

そしてこの判定条件の応用として，次のような強い不連続性を示す不思議な関数を構成して，これがそれでもなお積分可能であることを示したのである．

それは次のような関数である．

$$f(x) = \frac{(x)}{1^2} + \frac{(2x)}{2^2} + \frac{(3x)}{3^2} + \cdots + \frac{(nx)}{n^2} + \cdots$$

ここで現われた記号 (x) は次の意味をもつ：

$$(x) = \begin{cases} x - (x \text{ に一番近い整数}) & x \text{ が } \frac{1}{2} \text{ の奇数倍でないとき} \\ 0 & x \text{ が } \frac{1}{2} \text{ の奇数倍のとき} \end{cases}$$

この関数は $\frac{m}{2n}$（m と n は素で，m は奇数）の形の有理数のところで不連続となっている．たとえば $\frac{637}{1000}$ とか $\frac{1973}{26738}$ というところではすべて不連続である．だから不連続点は数直線上に"稠密"に存在している．実際計算してみると，$\frac{m}{2n}$ における"跳躍量"は

$f\left(\dfrac{m}{2n}-0\right)-f\left(\dfrac{m}{2n}+0\right)=\dfrac{\pi}{8n^2}$ であることがわかる．しかしそれ以外の点では連続である．しかしこの関数はどんな区間 $[a,b]$ をとっても，そこで積分可能なのである！

先生との対話

村岡君が，大分厚くなってきたノートを見返しながら，詩人のような感想を述べた．

「先週までの話とは，すっかり雰囲気が変わってしまったような気がします．何か山の中を走っていた列車が，突然海岸線に沿って走り出して，窓からは一面に広がる海が見えてきたという感じですね．」

先生は，数学の話がそんなふうに感じられることもあるのだろうかと少しびっくりしたような顔をされた．

「そうですね．微分的な視点を追求するか，積分的な視点を追求するかで，数学の風景が変わってみえることもあります．しかし，数学はこの2つの視点を総合するような，もっと高い視点を求めて発展してきたといってよいでしょう．」

山田君が隣の人と確かめ合うように小声で相談していたが，

「$f(x)$ が区間 $[0,1]$ で連続のときには，$\int_0^1 f(x)dx$ は，僕たちがよく知っているように，

$$\int_0^1 f(x)dx = \lim_{n\to\infty}\sum_{k=1}^{n} f\left(\dfrac{k}{n}\right)\dfrac{1}{n}$$

と定義したって同じことになりますね．」
と質問した．

「そうです．積分を求めるときの分点のとり方は，最大幅が 0 に近づくようにとりさえすればよいのですから，分点は n 等分してとるのが一番わかりやすいわけです．そしてそれが山田君がいったように，ふつうの積分の定義として述べられているものとなっています．でも実際は，n 等分点にこだわりすぎると困ることもあるのです．たとえば

$$\int_0^1 f(x)dx = \int_0^{\frac{1}{\sqrt{3}}} f(x)dx + \int_{\frac{1}{\sqrt{3}}}^{\frac{1}{\sqrt{2}}} f(x)dx + \int_{\frac{1}{\sqrt{2}}}^1 f(x)dx \quad (13)$$

を証明しようとするとき，右辺のそれぞれの積分の定義に現われる区間 $\left[0, \frac{1}{\sqrt{3}}\right]$, $\left[\frac{1}{\sqrt{3}}, \frac{1}{\sqrt{2}}\right]$, $\left[\frac{1}{\sqrt{2}}, 1\right]$ の等分点は，決して $[0,1]$ の等分点を与えてくれないからです．等分点だけをとっていると，左辺と右辺の積分の定義の，いわば歯車の山がかみ合わなくなってくるのです．今日お話ししたように積分の定義を一般にしておくと，右辺に現われる区間の n 等分点全体をあわせて，$[0,1]$ の分点として採用し，左辺の積分を定義していくことができます．」

山田君は先生のこの話で納得したようだったが，道子さんがこんどは質問に立った．

「先生の書かれた(13)の式を見て思ったのですが，そうすると，たとえば

$$f(x) = \begin{cases} x & 0 \leqq x \leqq \frac{1}{\sqrt{3}} \\ x^2+1 & \frac{1}{\sqrt{3}} < x \leqq \frac{1}{\sqrt{2}} \\ -x^2 & \frac{1}{\sqrt{2}} < x \leqq 1 \end{cases}$$

のような不連続関数も，$[0,1]$ で積分可能となって

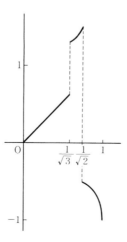

$$\int_0^1 f(x)dx = \int_0^{\frac{1}{\sqrt{3}}} x\,dx + \int_{\frac{1}{\sqrt{3}}}^{\frac{1}{\sqrt{2}}}(x^2+1)dx + \int_{\frac{1}{\sqrt{2}}}^1(-x^2)dx$$

$$= \frac{1}{2}\frac{1}{3} + \frac{7}{12}\sqrt{2} - \frac{10}{27}\sqrt{3} - \frac{1}{3} + \frac{\sqrt{2}}{12}$$

$$= -\frac{1}{6} + \frac{2}{3}\sqrt{2} - \frac{10}{27}\sqrt{3}$$

と計算してよいわけですね.」

「そうなのです. 有限個の点だけで不連続となるような関数は, それぞれの連続の区間で分点をとって, それを全体の区間にわたる分点として採用してしまえば, 積分可能な関数となっていることがわかります. 実際は区間 $[a,b]$ の中に点列 $x_1, x_2, \cdots, x_n, \cdots$ があって, 関数 $f(x)$ はこの点を除けば連続, すなわち $c \neq x_n$ ($n=1, 2, \cdots$) ならば $\lim_{x \to c} f(x) = f(c)$ が成り立っていれば, $f(x)$ は $[a,b]$ で積分可能となっていることが証明できます. "歴史の潮騒" の中で述べたリーマンのつくった例はそういう例です. ですから, 積分可能な関数は連続関数よりも, はるかに多くの関数を含んでいるのです. 積分という方法を使って調べられる関数は, 連続関数の枠を越えてはるかに広がってきたのです.」

問　題

[1] (1) 数直線 $(-\infty, \infty)$ 上で定義された連続関数が, 一様連続であるとは, どのように定義したらよいか考えなさい.

(2) $(-\infty, \infty)$ で定義された微分可能な関数 $f(x)$ が, $|f'(x)| < K$ (K は正の定数) をみたしていれば, $f(x)$ は $(-\infty, \infty)$ で一様連続であることを示しなさい.

(3) $y = \tan^{-1} x$ は, $(-\infty, \infty)$ で一様連続であることを示しなさい.

[2] $f(x), g(x)$ を $[a,b]$ で積分可能な関数とするとき, 次のことが成り立つことを示しなさい.

(1) $\int_a^b kf(x)dx = k\int_a^b f(x)dx$ 　　（k は実数）

(2) $\displaystyle\int_a^b \{f(x)+g(x)\}dx = \int_a^b f(x)dx + \int_a^b g(x)dx$

[3] $f(x)$ を $[a,b]$ で積分可能な関数とするとき，$a<c<b$ に対し

$$\int_a^b f(x)dx = \int_a^c f(x)dx + \int_c^b f(x)dx \qquad (*)$$

が成り立つことを示しなさい．

[4] $b<a$ のとき，$\displaystyle\int_a^b f(x)dx = -\int_b^a f(x)dx$ と定義する．このとき，$f(x)$ が積分可能な範囲では，a,b,c がどこにあっても $(*)$ の式が成り立つことを示しなさい．

[5] 区間 $[a,b]$ で定義された関数が単調増加，すなわち $x<x'$ のとき $f(x)<f(x')$ をみたすならば，積分可能となることを示しなさい．

お茶の時間

質問 区間 $[a,b]$ で定義された有界な関数で，積分できないような関数とはどんなものがあるのですか．

答 ふつう関数というと，私たちは頭の中で xy-座標で書かれたグラフのようなものを想像するが，このような関数はすべて積分可能な関数になるといってよい．積分ができないような関数は，絶対にグラフでは表示できないような関数から生じてくると考えてさしつかえない．たとえば，そのような関数の例として，区間 $[0,1]$ で

$$f(x) = \begin{cases} 1 & x \text{ が有理数} \\ 0 & x \text{ が無理数} \end{cases}$$

と定義された関数がある．有理数の点列を伝って無理数へと収束させることもできるし（たとえば $\dfrac{100}{141}, \dfrac{1000}{1414}, \dfrac{10000}{14142}, \cdots \to \dfrac{1}{\sqrt{2}}$），また無理数の点列を伝って有理数へ収束させることもできる（たとえば $\dfrac{1}{2\sqrt[n]{2}} \to \dfrac{1}{2}$ $(n\to\infty)$）．だから $f(x)$ はすべての点で不連続な関数となっていることがわかる．

こんな人工的に定義した関数を数式で表わすことはできそうに思

えないが，ディリクレはlimの記号を2度使えば

$$f(x) = \lim_{n\to\infty}\left(\lim_{k\to\infty}(\cos n!\pi x)^{2k}\right)$$

と表わされることを示した．実際，nとxをとめて，$(\cos n!\pi x)^{2k}$を考えると，$k\to\infty$のとき$|\cos n!\pi x|<1$ならばこの値は0に近づき，$\cos n!\pi x = \pm 1$ならば1に近づく．xが無理数のときは，nをいくら大きくしても前者の場合であり，xが有理数ならば，ある自然数Nをとると，$n>N$で後者の場合が成り立つ．だからこの関数は確かに$f(x)$を表わしているのである．kとnをとめて考えると，$(\cos n!\pi x)^{2k}$は積分可能な関数である．だが，ここで$k\to\infty$とし，$n\to\infty$とすると$f(x)$という積分可能でない関数が現われてくる．積分可能な関数の系列を追っていくと，極限では積分可能でない関数が現われることもあるという状況は覚えておいた方がよいかもしれない．

火曜日

積分の1つの働きと一様収束

先生の話

　昨日，時間をかけて長くお話ししたように，積分——といっても定積分ですが——は面積概念を基礎として生まれてきましたが，"歴史の潮騒"でもみたように，19世紀半ばに，積分に対する数学者の意識の上に微妙な潮の流れの変化があったように思えます．コーシーは，連続関数のグラフのつくる図形の面積を解析的な立場から見て，それを積分の定義としました．それはいわば古くから図形の面積を求めるために用いられていた"区分求積法"を，極限形式を通して数学の中に明確に位置づけることを意味しました．しかしコーシーからリーマンへと移ると，そこに変化のきざしがみえるのです．リーマンの関心は，その論文の中で例示したような，どんな小さい区間をとってもそこに無限個の不連続点を含むような関数に対してさえも，積分を適用できるという，積分概念の適用の広さにあったと思われます．このような関数に対しては，そのグラフをイメージすることはできませんし，したがってまた面積の考えを積分に賦与するわけにはいかなくなります．三角級数の研究が促したものは，物理的現象から生ずる広大な関数の集りを数学の対象とすることであり，この対象を調べる重要な解析的手段として，積分が数学の中心に躍り出てきたのです．リーマンは数論から生じてくるさまざまな関数にも注目していたようです．リーマンの論文は，彼の死後1867年になってデデキントによりはじめて公刊され，当時の数学界に大変な反響をよんだようです．積分はもはや18世紀のように微分の逆演算としてみたり，またコーシーのように面積概念と結びつける狭い見方に止まることはなくなりました．積分は，広い関数の集りの中に働きかける作用となってきたのです．そしてこの作用を通して，関数はある範囲にわたる平均的挙動を，いろいろな形で示すようになったのです．そしてこの考えは，20世紀の数学にも継承されてきました．

　ところで個々の関数ではなく，広い関数の集りを見る視点とは，

一体，どのような場所におくものなのでしょうか．今日はこのような視点のおき方を中心にして，適当にテーマを選んで話を進めていくことにします．

積分が働く舞台

　図で示してあるのは，白い型紙と黒い型紙を，$x=c$ に沿って貼り合わせたものであると見ることもできるし，また白と黒の色分けにあまり注目しないで，上の曲線だけを見れば，区間 $[a, b]$ で定義された関数のグラフを表示していると見ることもできる．型紙を貼り合わせたと見るときは，左から右へと矢印にしたがって眼を移していくと，黒い方の型紙が上の方へ少しずつ"連続的に"ずれて形を変えてきたと感ずるだろう．

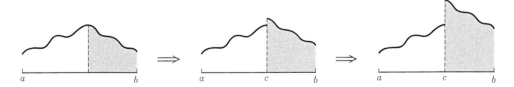

　しかし，この図をある関数のグラフと考えた曲線の変化を示していると見れば，連続関数のグラフから不連続関数へのグラフへと劇的な変化が生じ，右へ進むにつれ不連続の度合が大きくなっていくと感ずるだろう．一方では連続的な変化と見，他方では断層が生じたところで不連続的な変化を見る，この2つの対照的な見方のよってくるところは，もう少し注意しておいた方がよいかもしれない．

　もし曲線の形状だけを見るならば，1つの曲線上を動点が左から右へと動いていくとき，ある点に近づいたときそこに断点——不連続性——が生ずるという状況は，ちょうど山で尾根道を歩いているとき，行手に断崖が現われたようなものである．もし蟻が同じ尾根道を歩いていれば，道にころがっている小さな石さえ断崖となるだろう．数学では，極限状況における点のつながりを連続性として把握しているから，いわば極限状況に近いところではじめて生ずるよ

うなごくわずかな断崖も，連続から不連続への変化として捉えてしまうことになる．そのような見方は精密な関数の理論を構成するけれど，ある場合には精密すぎるということもあるかもしれない．

　同じ尾根道も，遠いところから山を眺める景色の中で見れば，全体としては連続的な景観の中で捉えられてくるだろう．そのとき私たちの見ているのは１本の曲線としての尾根道ではなく，尾根道を形成する山なみ全体である．関数のグラフでいえば，グラフだけではなくて，グラフが形成する図形もみていることになる．前頁の図は，そのように図形全体として見れば，連続的に変化しているのである．実際，そのような見方から取り出される量が積分なのである．

　立脚点を遠くにおいたことによって，私たちの眼にはいろいろな関数が入ってくる．１つの関数のまわりには，その関数に近づくたくさんの関数がある．ある１つの関数の性質は，それに近づく関数の性質によって特定されてくるという見方も生じてくるだろう．

　このようにして，関数を少し離れた視点から見るという立場をとることによって，数学の舞台が，１つの関数の考察から，たくさんの関数の集りの考察へと移ってくる．このような研究の方向を進めていく過程で，積分のもつ働きというものが，しだいにはっきりとした姿をとってきたのである．

積分可能，連続，微分可能な関数

　私たちは，関数に対する大きな分け方として

　　　　不連続関数，連続関数，微分可能な関数

の３つを知っている．微分可能な関数は連続だから，連続な関数の集りを考えると，その一部分として微分可能な関数の集りが含まれていることになる，そのことを見やすく

　　　　連続関数 ⊃ 微分可能な関数

と表わすことにしよう．同じような書き方で，不連続関数と連続関数との関係を示したいのだが，連続でない関数を不連続関数といったので，この２つの概念の間に包含関係はなくなってしまった．そ

のため，"必ずしも連続でない関数"という言い方をここでは用いることにしよう．そうすると

　　必ずしも連続でない関数 ⊃ 連続関数 ⊃ 微分可能な関数

という表わし方で，概念相互の関係を表わすことができる．

　積分という立場でこの包含関係を見ると，積分はこれらの関係の間に橋を架け渡す働きをしているのである．そのことをまず説明しよう．数学の舞台は大きく変わりつつある！

　もっとも"必ずしも連続でない関数"というのでは対象が広すぎるので，私たちは考察の対象を，区間 $[a, b]$ で定義された有界な積分可能な関数に限ることにしよう．

　（Ⅰ）$f(x)$ が有界な積分可能な関数のとき．

　$f(x)$ は有界だから，ある正の数 K があって

$$|f(x)| \leqq K$$

が成り立っている．$a \leqq x \leqq b$ に対し，積分を用いて新たに関数

$$F(x) = \int_a^x f(t) dt$$

を考えることにする．このとき $a \leqq x < x' < b$ に対し

$$|F(x') - F(x)| = \left| \int_a^{x'} f(t) dt - \int_a^x f(t) dt \right|$$

$$= \left| \int_x^{x'} f(t) dt \right| \leqq \int_x^{x'} |f(t)| dt$$

$$\leqq K \int_x^{x'} 1 dt = K(x' - x)$$

♣ ここで積分に対して成り立つ一般公式 $\left| \int_a^b f(x) dx \right| \leqq \int_a^b |f(x)| dx$ を用いた．この式は，

$$\left| \int_a^b f(x) dx \right| = |\lim \sum f(\xi_k)(x_k - x_{k-1})|$$

$$\leqq \lim \sum |f(\xi_k)|(x_k - x_{k-1}) = \int_a^b |f(x)| dx$$

からわかる．

　したがって $|F(x') - F(x)| \leqq K|x' - x|$ となり，$x' \to x$ のとき，

$F(x')\to F(x)$ となることがわかる．すなわち $F(x)$ は連続な関数となる．なお，$F(a)=0$ となっていることを注意しておこう．

たとえ $f(x)$ が不連続な関数でも，$F(x)$ は連続な関数となっているのである．31 頁の図を見て，連続的に変化していると感じたのは，いわば $f(x)$ の方ではなく，関数 $F(x)$ の変化の方を見ていたことになる．

（Ⅱ） $f(x)$ が連続な関数のとき．

このときも同じように

$$F(x) = \int_a^x f(t)dt$$

を考える．$a<c<b$ なる点 c をとり，$F(x)$ が c で微分可能なことを示そう．そのため，$h>0$ をとり

$$m_h = \operatorname*{Min}_{c\leqq x\leqq c+h} f(x) \qquad M_h = \operatorname*{Max}_{c\leqq x\leqq c+h} f(x)$$

とおく．このとき

$$c\leqq x\leqq c+h \text{ で} \qquad m_h \leqq f(x) \leqq M_h \tag{1}$$
$$h\to 0 \text{ のとき} \qquad \lim_{h\to 0} m_h = f(c) = \lim_{h\to 0} M_h \tag{2}$$

となる．2 番目の式は，$f(x)$ の c における連続性にほかならない．

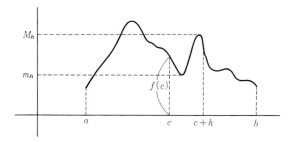

そうすると

$$F(c+h)-F(c) = \int_a^{c+h} f(t)dt - \int_a^c f(t)dt$$
$$= \int_c^{c+h} f(t)dt$$

と，
$$\int_c^{c+h} m_h\, dt \leqq \int_c^{c+h} f(t)dt \leqq \int_c^{c+h} M_h\, dt \qquad ((1) による)$$

すなわち
$$m_h h \leqq \int_c^{c+h} f(t)dt \leqq M_h h$$

によって
$$m_h h \leqq F(c+h) - F(c) \leqq M_h h$$

が成り立つ．辺々を h で割って，(2) を使うと，これから
$$\lim_{h \to 0} \frac{F(c+h) - F(c)}{h} = f(c) \qquad (3)$$

が得られる．$h<0$ で $h \to 0$ のときも，同じ考えでこの式が成り立つことが証明される．このことは $F(x)$ は $a<c<b$ をみたす任意の点 c で微分可能であることを示している．(3) で c を x におきかえると $F'(x) = f(x)$ となる．

端点 a, b では，同じ証明で，$F(x)$ はそれぞれの点で右からの微分，左からの微分が可能なことがわかる．したがって $F(x)$ は $[a,b]$ で微分可能な関数となる．なおここでも $F(a)=0$ である．

(I) と (II) の結果はまとめて見やすく，次のように書くとよいかもしれない．

次のような積分による"ブリッジ"が存在する．

有界な積分可能な関数 ⊃ 連続関数 ⊃ 微分可能な関数
$$\underbrace{\qquad \int_a^x \cdot\, dx \qquad}\quad \underbrace{\qquad \int_a^x \cdot\, dx \qquad}$$

♣ このとき誰でもこのブリッジを逆向きに渡ることはできないだろうかと考えるだろう．$F(x)$ が C^1-級の関数のとき (37 頁参照)，$F(x) \to F'(x)$ という対応は連続関数から微分可能な関数へと架けたブリッジ $\int_a^x \cdot\, dx$ を逆に渡ったことになっている．$F'(x)$ からもう一度ブリッジ $\int_a^x \cdot\, dx$ を渡ると $F(x) - F(a)$ となる (すぐ次の項参照)．積分可能な関数から連続関数へ架けたブリッジ $\int_a^x \cdot\, dx$ を逆に渡る道は一般には存在しない．

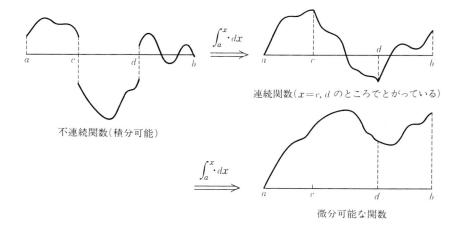

連続関数($x=c, d$ のところでとがっている)

不連続関数(積分可能)

微分可能な関数

C^k-級の関数

上の説明で，連続関数 $f(x)$ に対し

$$F(x) = \int_a^x f(t)dt \qquad (4)$$

とおくと，(3)によって $F'(x)=f(x)$ となるということが，積分は微分の逆演算といわれている理由である．

ついでだからこのことをもう少し述べておくと，一般に

$$G'(x) = f(x)$$

となる関数 $G(x)$ をとると，$F'(x)=G'(x)=f(x)$ だから，$(F(x)-G(x))'=0$．したがって(厳密には平均値の定理を使うことにより)，$F(x)-G(x)=C$(定数)となることがわかる．だから

$$F(x) = G(x)+C$$

となるが，$F(a)=\int_a^a f(x)dx=0$ より，$F(a)=G(a)+C=0$ したがって $C=-G(a)$ となる．したがって $F(x)=G(x)-G(a)$，あるいは(4)にもどって書くと，

$$\int_a^x f(x)dx = G(x)-G(a)$$

となる．これは**微積分の基本公式**とよばれているものであって，すでに『数学が生まれる物語』第6週で述べたものである．なお私た

ちは $G(x)$ を

$$G(x) = \int f(x)dx$$

と書いて，$f(x)$ の**不定積分**ということも知っている．

さて，上に述べた積分のブリッジをもう少し先まで架けてみたい．そのため次の定義をおこう．

> **定義** 区間 $[a,b]$ で定義された関数 $f(x)$ が微分可能で，$f'(x)$ が連続のとき，$f(x)$ を $\boldsymbol{C^1}$-**級の関数**という．
>
> $f'(x)$ がさらに微分可能で，$f''(x)$ が連続のとき，$f(x)$ を $\boldsymbol{C^2}$-**級の関数**という．
>
> 一般に $f(x)$ が k 階まで微分可能で，k 階の導関数 $f^{(k)}(x)$ が連続のとき $\boldsymbol{C^k}$-**級の関数**という．また連続関数をこの言い方にあわすときには，$\boldsymbol{C^0}$-**級の関数**ともいう．

C^k-級の関数の集合

$f(x)$ が C^k-級の関数のときには，導関数の系列

$$f(x),\ f'(x),\ f''(x),\ \cdots,\ f^{(k)}(x) \tag{5}$$

を考えることができる．$f^{(l)}(x)$ ($0 \leqq l \leqq k-1$；ただし $f^{(0)}(x) = f(x)$ とおく）は微分可能な関数だから連続であり，$f^{(k)}(x)$ は定義によって連続である．したがって系列(5)に現われた関数はすべて連続となる．

そこで記号を導入しておこう．

$C^0[a,b]$：区間 $[a,b]$ で定義された連続関数全体の集合
$C^1[a,b]$：区間 $[a,b]$ で定義された C^1-級の関数全体の集合
$C^2[a,b]$：区間 $[a,b]$ で定義された C^2-級の関数全体の集合
　　　　………………………………
$C^k[a,b]$：区間 $[a,b]$ で定義された C^k-級の関数全体の集合

このとき

$$C^0[a,b] \supset C^1[a,b] \supset C^2[a,b] \supset \cdots \supset C^k[a,b]$$

が成り立つが，$\int_a^x \cdot dx$ はこの系列にブリッジを渡している：

$$C^0[a,b] \quad C^1[a,b] \quad C^2[a,b] \quad \cdots \quad C^{k-1}[a,b] \quad C^k[a,b]$$

このことを，$C^1[a,b]$ と $C^2[a,b]$ の間で少していねいに説明してみよう．$C^1[a,b]$ に属している関数 $\varphi(x)$ を1つとる．このとき $\varphi(x)$ はもちろん連続関数である．したがって関数

$$\varPhi(x) = \int_a^x \varphi(x) dx$$

を考えることができる．$\varPhi(x)$ は $[a,b]$ で微分可能な関数となっていて，

$$\varPhi'(x) = \varphi(x)$$

である．$\varphi(x)$ は C^1-級で，したがって微分可能だから両辺を微分することができて，$\varPhi''(x) = \varphi'(x)$ となる．したがって $\varPhi(x)$ は C^2-級の関数であることがわかる．

逆に C^2-級の関数 $\varPhi(x)$ があったとき，$\varPhi'(x) = \varphi(x)$ とおくと，$\varphi(x)$ は C^1-級の関数となって

$$\varPhi(x) = \int_a^x \varphi(x) dx + \varPhi(a)$$

と表わされる．（右辺の積分は $\int_a^x \varphi(x) dx = \int_a^x \varPhi'(x) dx = \varPhi(x) - \varPhi(a)$ となることに注意．）

一般の場合について述べると，次のようになる．

> **定理** C^{k-1}-級の関数 $\varphi(x)$ に対し，
>
> $$\varPhi(x) = \int_a^x \varphi(x) dx$$
>
> とおくと，$\varPhi(x)$ は C^k-級の関数となる．逆に，C^k-級の関数 $\varPhi(x)$ は，C^{k-1}-級の関数 $\varphi(x)$ によって
>
> $$\varPhi(x) = \int_a^x \varphi(x) dx + \varPhi(a)$$
>
> と表わされる．

[例] $\varphi_0(x) = \begin{cases} -x & x<0 \\ x & x\geqq 0 \end{cases}$

とおくと，$\varphi_0(x)$ は C^0-級（連続）だが，原点で微分できないので，C^1-級ではない．

$$\varphi_1(x) = \int_{-1}^{x} \varphi_0(x)dx = \begin{cases} -\dfrac{1}{2}x^2 + \dfrac{1}{2} & x<0 \\ \dfrac{1}{2}x^2 + \dfrac{1}{2} & x\geqq 0 \end{cases}$$

は，$\varphi_1{}'(x) = \varphi_0(x)$ となり，C^1-級の関数であるが，$\varphi_1{}'(x)$ は原点で微分できないので，C^2-級ではない．

$$\varphi_2(x) = \int_{-1}^{x} \varphi_1(x)dx = \begin{cases} -\dfrac{1}{6}x^3 + \dfrac{1}{2}x + \dfrac{1}{3} & x<0 \\ \dfrac{1}{6}x^3 + \dfrac{1}{2}x + \dfrac{1}{3} & x\geqq 0 \end{cases}$$

は，$\varphi_2{}'(x) = \varphi_1(x)$, $\varphi_1{}''(x) = \varphi_0(x)$ となるが，これ以上は微分できない．したがって $\varphi_2(x)$ は C^2-級であるが，C^3-級ではない．

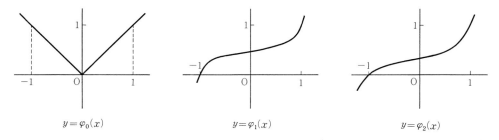

$y = \varphi_0(x)$　　　　$y = \varphi_1(x)$　　　　$y = \varphi_2(x)$

$\varphi_0(x), \varphi_1(x), \varphi_2(x)$ のグラフを見ると，積分するたびにグラフがしだいに，なだらかになっていくようにみえてくる．積分には，グラフをなだらかにする働きがあるといってもよいのである．

$C^0[a, b]$ における近さと距離

区間 $[a, b]$ で定義されている連続関数の集合を $C^0[a, b]$ と表わした．そのように集合の考えに立って，連続関数全体を $C^0[a, b]$ と書くということだけならば，何ということもないといえる．だが，

$C^0[a,b]$ に含まれているひとつひとつの関数は，複雑で多様な振舞いをしているから，1つのまとまったものとして集合 $C^0[a,b]$ を考える視点と，そこに含まれている個々の連続関数 $f(x)$ を考える視点とを結びつけるような，もう一段高い視点がそこには必要となってくるだろう．

そこに，関数相互の近さという考えが必要となってくるのである．それを説明するために，まず図を見てみよう．図では6つの関数 f, f_1, f_2, g, g_1, g_2 のグラフを書いてみた．これらの6つの関数は，集合 $C^0[a,b]$ の元(element)となっている．ふつうに使われている集合の記号では

$$f \in C^0[a,b], \quad f_1 \in C^0[a,b], \quad f_2 \in C^0[a,b]$$
$$g \in C^0[a,b], \quad g_1 \in C^0[a,b], \quad g_2 \in C^0[a,b]$$

と表わされる．

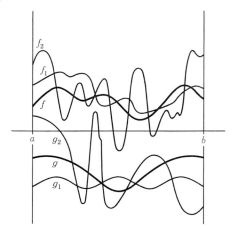

この図を見ただけで，$C^0[a,b]$ の中にどんなに複雑な関数が，ぎっしりと詰めこまれているかが想像できる．しかしまた一方，f のグラフに注目したとき，一目見ただけで f_1, f_2 のグラフにくらべれば，g, g_1, g_2 のグラフの方が f のグラフから離れて遠くにあると思う．f_1, f_2 のグラフの方が，f のグラフに近いところを走っているのである．もう少しよく見ると，区間 $[a,b]$ 全体にわたっていえば，f_1 のグラフの方が，f_2 のグラフよりは，f のグラフに近いところを走っている．また g のグラフの近くには，g_1 のグラフが走

っている．

このグラフの示す確かな感じは，一般に $C^0[a,b]$ の元 f,g の間に，何か互いの"近さ"を測るようなものがあることを察知させる．ひとつひとつの連続関数は，ばらばらに散在しているのではなく，関数相互の近さによる連係感によって結ばれて，全体として集合 $C^0[a,b]$ を形成しているに違いない．それはちょうど数直線上の点がばらばらに1つずつ存在しているのではなく，近さの表象の中で点が寄り合って，全体として数直線という像を形成したことに似ている．

私たちは，f の近くにある関数という考えを，区間 $[a,b]$ 全体にわたっての f のグラフに注目することにより，もっとはっきりとした形で取り出そうと思う．そのため，正数 ε に対して，f のグラフから上下 ε-幅の中を走るグラフとして表わされる関数 g は，f から ε-以内にあるということにする．ε が 0 に近づけば，g のグラフは，細かな変動の違いはあるとしても，しだいに f のグラフに接近してくるだろう．

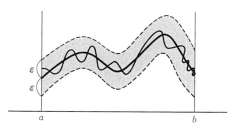

太い線のグラフが f, 細い線のグラフが g

この考えを背景にして，f と g の近さを測る尺度として，次の定義を導入する．

> **定義** $f,g\in C^0[a,b]$ に対し
> $$\|f-g\| = \operatorname*{Max}_{a\leqq x\leqq b}|f(x)-g(x)|$$
> とおき，f と g の**距離**という．

この定義で，Max と書いたのは，$f-g$ は $[a,b]$ で連続であり，したがって $f-g$ は区間 $[a,b]$ で最大値をとる（第2週，月曜日）が，

その最大値を Max と書き，それを距離 $\|f-g\|$ の定義としたのである．

$\|f-g\|<\varepsilon$ ということは，区間 $[a,b]$ のすべての点 x に対して $|f(x)-g(x)|<\varepsilon$ がつねに成り立っているということと同じ内容であり，グラフでいえば，すぐ上に書いた，f のグラフの上下 ε-以内の幅の中に g のグラフが走っているということである．

> 距離 $\|f-g\|$ は，次の基本的な性質をもつ．
> （ⅰ）$\|f-g\|\geqq 0$ ；ここで等号が成り立つのは，$f=g$ のときに限る．
> （ⅱ）実数 α に対し，$\|\alpha f-\alpha g\|=|\alpha|\|f-g\|$
> （ⅲ）$\|f-g\|\leqq\|f-h\|+\|h-g\|$

このことを示しておこう．

（ⅰ）$\|f-g\|=\mathop{\text{Max}}_{a\leqq x\leqq b}|f(x)-g(x)|\geqq 0$ は明らかだが，ここで等号が成り立つのは，すべての x に対して $f(x)-g(x)=0$ が成り立つとき，すなわち，等号が成り立つのは $f=g$ のときに限る．

（ⅱ）$\|\alpha f-\alpha g\|=\mathop{\text{Max}}_{a\leqq x\leqq b}|\alpha f(x)-\alpha g(x)|$
$=\mathop{\text{Max}}_{a\leqq x\leqq b}|\alpha||f(x)-g(x)|=|\alpha|\|f-g\|$

（ⅲ）連続関数 $|f(x)-g(x)|$ が最大値をとる点を x_0 とすると
$$\|f-g\|=|f(x_0)-g(x_0)|$$
となるが，ここで
$$|f(x_0)-g(x_0)|\leqq|f(x_0)-h(x_0)|+|h(x_0)-g(x_0)|$$
$$\leqq\mathop{\text{Max}}_{a\leqq x\leqq b}|f(x)-h(x)|+\mathop{\text{Max}}_{a\leqq x\leqq b}|h(x)-g(x)|$$
$$=\|f-h\|+\|h-g\|$$

が成り立つ．これで(ⅲ)が示された．　　　　　　　　　　（証明終り）

距離というと，最初に思い出すのは，数直線上の 2 点 P，Q の距離である．あるいはこのときは距離というよりは，2 点 P，Q を端点とする線分 $\overline{\text{PQ}}$ の長さといった方がわかりやすいかもしれない．

Pの座標(目盛り)をp, Qの座標(目盛り)をqとすると, P, Qの距離は$|p-q|$で表わされる. ここから関数の場合に移行するには, ここでpを$f(x)$, qを$g(x)$として, 各点xで距離$|f(x)-g(x)|$を測り, 次にxをaからbまで動かしてこの距離の最大値をとる. それが$C^0[a,b]$におけるfとgの距離$\|f-g\|$を与えたのである.

ところで数直線の場合には, まず実数rの絶対値$|r|$の概念を導入し, 次に2点p,qの距離をこの絶対値を使って$|p-q|$と定義した. 同じ流儀で考えようとすれば, $C^0[a,b]$上で, 関数fの絶対値に相当するものは,

$$\|f\| = \underset{a \leqq x \leqq b}{\text{Max}} |f(x)| \tag{6}$$

となる. これはあとで大切な概念となるから定義しておこう.

> **定義** (6)で与えられた$\|f\|$を, fの**ノルム**という.

これは実数の絶対値に似た次の性質をもつ.
(ⅰ)′ $\|f\| \geqq 0$; ここで等号が成り立つのは, $f=0$のときに限る.
(ⅱ)′ 実数αに対し, $\|\alpha f\| = |\alpha| \|f\|$
(ⅲ)′ $\|f+g\| \leqq \|f\| + \|g\|$

前に述べた(ⅰ), (ⅱ), (ⅲ)とこの(ⅰ)′, (ⅱ)′, (ⅲ)′の関係は明らかだろう. たとえば(ⅲ)′でfの代りに$f-h$, gの代りに$g-h$とおくと, (ⅲ)が得られる. なお(ⅲ)′を**三角不等式**という言い方で引用することもある.

$C^0[a,b]$上の距離と一様収束

距離があれば, そこから自然に近づくという概念が生じてくる. ごく粗い言い方をすれば, 2つのものの距離がどんどんせばまっていけば, それは近づくということである. $C^0[a,b]$に距離を与えたのだから, したがって次の定義は自然なものにみえるだろう.

> **定義** $C^0[a,b]$の中の系列$f_1, f_2, \cdots, f_n, \cdots$があって, ある

> $f \in C^0[a,b]$ をとると,$n \to \infty$ のとき
> $$\|f_n - f\| \longrightarrow 0 \qquad (7)$$
> が成り立つとき,f_n は f に**一様収束**するという.

すなわち,もとにもどって述べれば,区間 $[a,b]$ で定義された連続関数列 $f_1(x), f_2(x), \cdots, f_n(x), \cdots$ と,連続関数 $f(x)$ があって

$$\underset{a \leqq x \leqq b}{\mathrm{Max}} |f_n(x) - f(x)| \longrightarrow 0 \quad (n \to \infty)$$

が成り立つとき,$f_n(x)$ は $[a,b]$ 上で $f(x)$ に一様収束するというのである.

(7)は,いつものように不等号を用いて表わすことができる.すなわち(7)は,どんな小さい正数 ε をとっても,ある番号 N が決まって

$$n \geqq N \quad \text{ならば} \quad \|f_n - f\| < \varepsilon \qquad (8)$$

が成り立つ,といい表わされる.グラフでいえば,$f(x)$ のグラフの上下 ε-幅の中に,N 番目以上の f_n のグラフがすべて納まっているということである.ε を小さくしてみると,f_n のグラフがしだいに f のグラフに接近してくる様相を呈してくるだろう.

一様収束という言葉に付した一様という形容詞は,区間 $[a,b]$ 全体にわたって,f_n はほぼ一様の速さで f に近づいていくことを意味している.

この一様収束の概念の導入でもっとも大切なことは,第1週,火曜日で述べた実数列に対するコーシーの収束条件と同様のことが,やはりここでも成り立つということである.すなわち,次の定理が成り立つ.

> **定理** $C^0[a,b]$ の中の系列 $f_1, f_2, \cdots, f_n, \cdots$ が,ある $f \in C^0[a,b]$ に収束するための必要十分な条件は,$m, n \to \infty$ のとき,
> $$\|f_m - f_n\| \longrightarrow 0 \qquad (9)$$
> が成り立つことである.

[証明] 必要性.系列 $f_1, f_2, \cdots, f_n, \cdots$ が f に一様収束していると

する．このとき(8)により，どんな小さい正数 ε をとっても，ある番号 N が決まって

$$n \geqq N \quad \text{ならば} \quad \|f_n - f\| < \varepsilon$$

となる．したがって

$$m, n \geqq N \quad \text{ならば} \quad \|f_m - f_n\| = \|(f_m - f) - (f_n - f)\|$$
$$\leqq \|f_m - f\| + \|f_n - f\| < \varepsilon + \varepsilon = 2\varepsilon$$

このことは，(9)が成り立つことを示している．

十分性．条件(8)が成り立っているとしよう．区間 $[a, b]$ から勝手に1つ点をとってそれを p とする．p をとめて考えると，実数列

$$f_1(p), f_2(p), \cdots, f_n(p), \cdots$$

が得られるが，

$$|f_m(p) - f_n(p)| \leqq \underset{a \leqq x \leqq b}{\text{Max}} |f_m(x) - f_n(x)|$$
$$= \|f_m - f_n\| \longrightarrow 0 \quad (m, n \to \infty) \qquad (10)$$

により，実数列 $\{f_n(p)\}$ はコーシー列となる．したがって，$n \to \infty$ のとき，$f_n(p)$ は1つの決まった実数に収束する．この実数を $f(p)$ と表わすことにしよう．

点 p を区間 $[a, b]$ の中を動かせば，結局，区間 $[a, b]$ のすべての点 x に対して，実数 $f(x)$ が決まり，したがって，$[a, b]$ 上で定義された1つの関数 $f(x)$ が得られたことになる．

この $f(x)$ が連続であることを示そう．(10)により，正数 ε をとると，番号 N が決まって

$$m, n \geqq N \quad \text{ならば} \quad |f_m(p) - f_n(p)| \leqq \|f_m - f_n\| < \varepsilon$$

が成り立つが，この式で p を x と書きかえて，$n \to \infty$ とすると

$$m \geqq N \quad \text{ならば} \quad |f_m(x) - f(x)| \leqq \lim_{n \to \infty} \|f_m - f_n\| \leqq \varepsilon$$

となることがわかる．ここで番号 N は，x によらずにとれている，ということが証明のキーポイントとなる．いまとくに $f_N(x)$ に注目すると，すべての x に対し

$$|f_N(x) - f(x)| \leqq \varepsilon$$

となる．一方，$f_N(x)$ は連続だから，任意に点 $x_0 \in [a, b]$ をとった

とき，ある正数 δ が存在して
$$|x-x_0|<\delta \quad \text{ならば} \quad |f_N(x)-f_N(x_0)|<\varepsilon$$
となる．したがって $|x-x_0|<\delta$ ならば
$$|f(x)-f(x_0)| \leqq |f(x)-f_N(x)|+|f_N(x)-f_N(x_0)|$$
$$+|f_N(x_0)-f(x_0)|<\varepsilon+\varepsilon+\varepsilon=3\varepsilon$$
このことは，$f(x)$ が $x=x_0$ で連続であることを示している．x_0 は区間 $[a,b]$ の任意の点でよかったのだから，これで $f(x)$ が連続関数であることが示され，したがって $n\to\infty$ のとき，f_n は $f\in C^0[a,b]$ に収束することがわかった． （証明終り）

このことから，$C^0[a,b]$ の中の系列 $f_1, f_2, \cdots, f_n, \cdots$ が，$[a,b]$ 上で定義された関数 $\tilde{f}(x)$ に次の意味で"一様収束"しているならば，$\tilde{f}(x)$ は連続関数であり，したがって $\tilde{f}\in C^0[a,b]$ となることがわかる．

♣ なお，"一様収束"とは，$\tilde{f}(x)$ の連続性を仮定しないときには
$$\sup_{a\leqq x\leqq b}|f_n(x)-\tilde{f}(x)|\longrightarrow 0 \quad (n\to\infty)$$
が成り立つことであると定義される．

実際，このとき系列 $\{f_n\}$ は
$$\|f_m-f_n\|=\max_{a\leqq x\leqq b}|f_m(x)-f_n(x)| \quad (\text{Max は sup と書いてもよい})$$
$$\leqq \sup_{a\leqq x\leqq b}|f_m(x)-\tilde{f}(x)|+\sup_{a\leqq x\leqq b}|f_n(x)-\tilde{f}(x)|$$
$$\longrightarrow 0 \quad (m,n\to\infty)$$
により，条件(6)をみたし，したがって定理により，ある $f\in C^0[a,b]$（連続関数!）があって $f_n(x)\to f(x)$ $(n\to\infty)$ となる．もともと $f_n(x)$ は $\tilde{f}(x)$ に収束していたのだから，したがって，$\tilde{f}(x)=f(x)$ となって，$\tilde{f}(x)$ は連続関数となることが結論されるからである．

いま述べた事実を，ふつうはかんたんに，連続関数列の一様収束する極限は，連続関数であるといい表わす．

一様収束と積分,微分

一様収束の概念は,積分と微分という関数に対する演算と次の2つの定理によってしっかりと結びついている.

> **定理A** $C^0[a,b]$ の中の系列 $f_1, f_2, \cdots, f_n, \cdots$ は f に一様収束しているとする.このとき $a \leq x \leq b$ に対し
> $$\int_a^x f_n(t)dt \longrightarrow \int_a^x f(t)dt \quad (n \to \infty)$$
> が成り立つ.

> **定理B** $C^1[a,b]$ の中の系列 $f_1, f_2, \cdots, f_n, \cdots$ は次の2つの条件をみたしているとする.
> (ⅰ) $f_1, f_2, \cdots, f_n, \cdots$ は f に一様収束する.
> (ⅱ) $f_1', f_2', \cdots, f_n', \cdots$ は g に一様収束する.
> このとき $f' = g$ であり,したがって f は $C^1[a,b]$ に属している.

この定理に対する証明と説明は,明日することにしよう.

歴史の潮騒

ここでは連続関数列について一様収束の考えを述べてきたが,歴史に登場してきたのは,連続関数を項とする級数についてであった.

いま(必ずしも連続と仮定しなくてよいが)ある範囲で定義された関数列 $\varphi_1(x), \varphi_2(x), \cdots, \varphi_n(x), \cdots$ があって,各点 x で,級数

$$\sum_{n=1}^{\infty} \varphi_n(x) \tag{11}$$

は収束して,1つの関数 $\varphi(x)$ を定義しているとする.このとき関数列

$$\sigma_1(x) = \varphi_1(x), \ \sigma_2(x) = \varphi_1(x) + \varphi_2(x), \ \cdots, \ \sigma_n(x) = \sum_{k=1}^{n} \varphi_k(x), \ \cdots$$

と $\varphi(x)$ にいままで話してきた，一様収束の考えを適用してみよう．そうすると，

$$\varphi(x) - \sum_{k=1}^{n} \varphi_k(x) = \sum_{k=n+1}^{\infty} \varphi_k(x)$$

に注意すると，級数の一様収束性は次のように述べることができるだろう．

どんな正数 ε をとっても，ある番号 N が決まって，考えている範囲のすべての x に対し

$$\left| \sum_{k=N+1}^{\infty} \varphi_k(x) \right| < \varepsilon$$

となるとき，級数(11)は一様収束する．

この定義にしたがって私たちが証明した定理を参照すれば，各項 $\varphi_n(x)$ が連続関数のとき，級数 $\varphi(x) = \sum_{n=1}^{\infty} \varphi_n(x)$ が一様収束すれば，$\varphi(x)$ は連続関数となる（62頁参照）．歴史は実はこの定理をめぐってはじまった．

1821年に，コーシーは講義録『代数解析』を出版したが，その中で，連続関数を項とする級数が収束すれば，その和はまた連続関数であるという，一般には成り立たない誤った結果に対して，証明を試みた．この結果に対し，1826年にアーベルが，二項定理の研究に関する論文の脚注に用心深く"この定理には例外があるように思える"と注意して，次のような1つの例を与えた．連続関数 $(-1)^{n-1} \dfrac{\sin nx}{n}$ を n 項とする級数

$$\sum_{n=1}^{\infty} (-1)^{n-1} \frac{\sin nx}{n}$$

は $x = (2k+1)\pi$ $(k = 0, \pm 1, \pm 2, \cdots)$ で不連続点をもつ．

♣ たとえば π でこの級数の和が不連続性を示すことは次のようにして示される．$\dfrac{x}{2}$ を $(0, \pi)$ でフーリエ展開すると（金曜日参照）

$$\frac{x}{2} = \sin x - \frac{1}{2}\sin 2x + \frac{1}{3}\sin 3x - \frac{1}{4}\sin 4x + \cdots \qquad (12)$$

が成り立つことがわかるが，右辺の級数に注目すると，$x = \pi$ でも収束して 0．一方，この等式から $x \to \pi$ のとき級数の値は $\dfrac{\pi}{2}$ に近づく．したがっ

て，この級数は $x=\pi$ で不連続となる．

　アーベルは，論文にこの発見を記すに先立って，ベルリンからオスロの恩師ホルンボエにあてた 1826 年 1 月 16 日付の長い手紙の中に，このことを記している．もっとも級数 (12) は，1822 年に出版されたフーリエの『熱の解析的理論』の中に登場している．コーシーとフーリエは互いの仕事に深い関心を寄せていた．1807 年から断片的にフランス科学アカデミーに報告されていたフーリエの仕事から，なぜフランスの数学者たちが，アーベルが注意する以前に上の事実を認識しなかったかは，多少奇妙なことである．

　第 1 週，金曜日で，"ベキ級数 $\sum_{n=0}^{\infty} a_n x^n$ が $x=x_0$ で収束すれば，$|x|<|x_0|$ をみたすすべての x で絶対収束する"という定理を証明したが，この定理はアーベルによる．この定理の証明を見直してみると，$0<x_1<|x_0|$ をみたす x_1 を 1 つとると，ベキ級数 $\sum_{n=0}^{\infty} a_n x^n$ は，$[-x_1, x_1]$ で一様収束していることがわかる．だが，アーベル自身は，一様収束の概念をはっきりとした形で取り出したわけではなかった．

　一様収束の概念がしだいに明確なものとなってくるのは，1840 年代になってからであり，それはワイエルシュトラスによりはじまるとされている．それについては，明日の"歴史の潮騒"の中で述べることにしよう．いずれにしても，一様収束の考えは，すぐには生まれなかったのである．今日説明したように，関数のグラフを考えれば，一様収束のことなど気がつきそうだと思うのは，すでに現代数学の立場に立っているからだろう．解析学の流れは第 1 週，第 2 週を通してみたように，18 世紀までは主に微分的な視点に立っていた．19 世紀初頭からフーリエの仕事を通して，徐々に積分的な視点が育ってきたが，19 世紀前半は，この視点を育てる揺籃の時代であったといえるのではなかろうかと私は思っている．この揺籃の中で揺られながら，関数列の収束を，一様収束という見方で捉える考え方が，数学者の中にしだいしだいにはっきりとした形をとってきたのだろう．

先生との対話

先生が最初に話をされた．

「1つの関数は，座標平面上でのグラフ表示を通すことによって捉えられるという考えは，自然現象を観測しそのデータを座標平面にプロットして，その現象の背後にある関数関係を推定するという考えによっても支えているのかもしれません．しかし関数の認識をこのような方向で進めると，当然さまざまな関数のグラフが座標平面上に描かれるさまを想定しなくてはならなくなるでしょう．実際，このような認識の仕方を背景にして，はじめて区間 $[a,b]$ 上で定義された連続関数全体の集り $C^0[a,b]$ を考え，さらにそこに距離まで導入するということが可能となったのでしょう．ひとつひとつの関数は数式で表わされるものという考えに立っていては，$C^0[a,b]$ のような総合的な全体像は浮かび上がってこなかったと思います．

いまでは，数学教育の中に関数のグラフ表示がごく自然な形で取り入れられていますから，いまいったことは当り前のことに思うかもしれませんが，18世紀に書かれた本や，19世紀初頭の解析教程の本など眺めてみると，そこにはあまりグラフは描かれていません．せいぜい巻末に少し描かれているくらいです．その頃は関数を表現するのは基本的には数式であって，グラフ表示を通して関数を認識するということはむしろ少なかったのではないかと思われます．そのあたりのことはいまとなっては実際はよくわからないことなのですが，どちらにしても，もし皆さんが今日の話にそれほど違和感を感じられなかったとすれば，それはやはり現代的な見方になじんでいるといってよいのでしょう．」

道子さんが質問した．

「連続関数の空間，という言葉を聞いたことがあります．そのときの印象では空間という言葉のもつ響きに非常に新鮮なものを感じました．今日話された $C^0[a,b]$ は，そのような空間の例を与えていると考えてよいのでしょうか．」

「そうです．一様収束の考えを導くために，私たちは連続関数に距離を入れました．この距離によって $C^0[a,b]$ の中で，私たちは"近づく"という言葉を自由に使ってよいことになりました．単に集合というと，私たちはものが1まとめに集められている状況しか考えません．しかし，近づくという言葉を使ってよくなると，そこには何か空間的な表象を感じてきます．その点を明らかにしたいと思うと，数学者は，$C^0[a,b]$ を（一様収束による）連続関数の空間というのです．」

山田君が

「連続関数列 $f_1(x), f_2(x), \cdots, f_n(x), \cdots$ があって，各点 x では極限値 $\lim_{n\to\infty} f_n(x) = g(x)$ が存在しても，一様収束していないときは，$g(x)$ は連続とはならないような，できるだけかんたんな例を教えて下さい．」

と質問した．できるだけかんたんな，というところを語調を強めていったので，まわりの人が同感を示すようにうなずいていた．先生は黒板に次のような図を書いてから説明された．

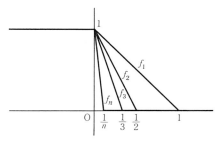

「この図のような関数列 $f_1(x), f_2(x), \cdots, f_n(x), \cdots$ を考えます．正確にいうと

$$f_n(x) = \begin{cases} 0 & x \geqq \dfrac{1}{n} \\ -nx+1 & 0 < x < \dfrac{1}{n} \\ 1 & x \leqq 0 \end{cases}$$

とするのです．$f_n(x)$ はもちろん連続関数ですが，各点 x で $f_n(x)$ の近づく先をみると

$$f_n(x) \longrightarrow g(x) = \begin{cases} 0 & x > 0 \\ 1 & x \leq 0 \end{cases}$$

となることがわかります．極限関数は明らかに不連続なのです．」

そこまで先生が話されたとき，教室の中が少しにぎやかになった．

「$x=0$ のところでは？ そうか，$f_n(0)$ はいつも 1 に等しいのだから，$f_n(0) \to 1$ ($n \to \infty$) か．」

「x が 0 に近いとき，たとえば $x = \dfrac{1}{10000}$ のところでは？」

「そのときは，n が 10000 を越えたところでは $f_n\left(\dfrac{1}{10000}\right) = 0$ がつねに成り立つから，$n \to \infty$ のとき $f_n\left(\dfrac{1}{10000}\right) \to 0$ といえるわけよね．」

先生が

「この収束は一様収束でないことはわかりますか．」

と聞かれた．

少し間をおいて二，三人が手を上げて，その中の小林君が次のように説明した．

「図を使って説明します．図を見るとわかりますが，$m > n$ のとき

$$\|f_m - f_n\| = \underset{0 \leq x \leq \frac{1}{n}}{\text{Max}} (f_n(x) - f_m(x))$$

$$= f_n\left(\frac{1}{m}\right) = 1 - \frac{n}{m}$$

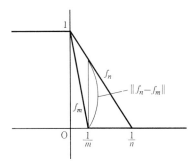

となります．この式から n をどんなに大きくとっても，それをとめて $m \to \infty$ とすると $\|f_m - f_n\| \to 1$ となることがわかります．もし一様収束するならば，どんな小さい正数 ε をとっても，N を大きく

とれば，$m, n > N$ のとき $\|f_m - f_n\| < \varepsilon$ が成り立つはずです．いまの場合，この ε は 1 より小さくとることができないことがわかったのですから，$f_n(x)$ は $g(x)$ に一様収束していないのです．」

問　題

[1] 区間 $[0, \pi]$ で定義された不連続関数を考える．

$$f(x) = \begin{cases} \sin x & 0 \leq x \leq \dfrac{\pi}{2} \\ \cos x & \dfrac{\pi}{2} < x \leq \pi \end{cases}$$

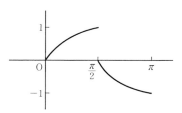

(1) $F(x) = \displaystyle\int_0^x f(t) dt$ はどんな関数となるか，グラフを書いて連続性を確かめなさい．

(2) $F(x)$ は $x = \dfrac{\pi}{2}$ で微分可能でないことを示しなさい．

(3) $G(x) = \displaystyle\int_0^x F(t) dt$ はどんな関数となるか，グラフを書いて，$x = \dfrac{\pi}{2}$ の近くのようすを調べなさい．

[2] C^2-級だが C^3-級ではないような関数の例を 1 つあげなさい．

[3] $C^0[a, b]$ の関数列 $f_1, f_2, \cdots, f_n, \cdots$ に対して，適当な正数列 $M_1, M_2, \cdots, M_n, \cdots$ があって

$$|f_n(x)| \leq M_n \quad (n = 1, 2, \cdots)$$

$$\sum_{n=1}^{\infty} M_n \text{ は収束する}$$

が成り立つとする．このとき関数列 $s_n(x) = \displaystyle\sum_{k=1}^{n} f_k(x)$ は一様収束することを示しなさい．

[4] $C^0[a,b]$ の関数列 $f_1, f_2, \cdots, f_n, \cdots$ が,
$$f_1(x) \geqq f_2(x) \geqq \cdots \geqq f_n(x) \geqq \cdots > K$$
をみたしても,一般に
$$g(x) = \lim_{n \to \infty} f_n(x)$$
は連続関数とは限らないことを,例で示しなさい.

（ヒント："先生との対話"参照．なおこの問題でもし $g(x)$ が連続関数ならば，$f_n(x)$ は $n \to \infty$ のとき一様に $g(x)$ に収束することが知られている（ディニの定理）．）

お茶の時間

質問 連続だけれど微分できない関数，すなわち $C^0[a,b]$ には入っているが，$C^1[a,b]$ に属していない関数というと，私たちはところどころにとがって角ばった点をもつ連続関数のグラフを考えます．でもこのようなグラフで表わされる連続関数は，"有限個の点を除けば"微分可能となっています．どんな点をもってきても微分できないが，それでもなお連続な関数というのはあるのですか．

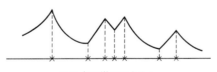

×の点で微分できない

答 グラフを書いて連続関数を見ている限り，各点で微分不可能な連続関数があろうなど，想像することもできない．しかし，1861 年頃にワイエルシュトラスはベルリン大学の講義でそのような関数が存在することを示し，当時の数学界を驚かせたのである．ワイエルシュトラスの与えた例は，次のような関数である．

a を正の奇数，b を $0 < b < 1$ かつ $ab > 1 + \dfrac{3}{2}\pi$ をみたす実数とすると

$$f(x) = \sum_{n=0}^{\infty} b^n \cos(a^n \pi x)$$

は，有界な連続関数であるが，$f(x)$ はすべての x で微分不可能である．

　この証明は，吉田耕作『19世紀の数学，解析学Ⅰ』(共立出版）の43〜45頁に載っている．各点で微分できない連続関数など，数学者の頭脳から生まれた病的なものに思えるかもしれないが，ブラウン運動を数学的に表現する際，このような関数が現実に現われてくるのである．

　1931年に，ポーランドの数学者バナッハは，各点で微分できないような連続関数は，実は連続関数の空間の中に十分たくさん存在していることを示した．連続関数のグラフを，鋭くとがった波が出るように細かく振動させてみよう．このような振動が区間全体にわたってしだいに小刻みになるように，どこまでもどこまでも続けていこう．この状況がもし極限まで保たれれば，そこには各点で微分不可能な連続関数が現われるに違いない．バナッハの証明の背景にあるのは，このような考えであった．バナッハの結果の示したことは，微分という視点を離れて，虚心に連続性だけに注目することにすれば，各点で微分できない関数など決して病的なものではなく，どこにでもあるごくふつうの連続関数なのである，ということであった．

水曜日

関数列の微分・積分と完備性

先生の話

昨日は,区間 $[a, b]$ で定義された連続関数の全体や C^k-級の関数の全体を考えました.そしてこのような関数の集りを全体として考えるような視点は,積分的な視点といってもよいということを述べたのでした. $f(x)$ を積分することによって得られる関数

$$F(x) = \int_a^x f(x)dx$$

は,連続関数を C^1-級の関数に, C^1-級の関数を C^2-級の関数へと運んでいきます.

連続関数のつくる集合 $C^0[a, b]$ には,距離 $\|f-g\|$ を導入しました.この距離で,連続関数の系列 $\{f_n\}$ が $n\to\infty$ のとき f に近づくということは, $\{f_n\}$ が f に一様収束するということであり,それはまたグラフでいえば, f_n のグラフが, f のグラフに沿う ε-幅の範囲の中に,εをどんなに小さくとっても,いずれは含まれてくるということでした.日常的なたとえでいえば, f のグラフを海岸線のように考えると, f_n のグラフは,長い海岸線に打ち寄せてくる波のような感じなのです.波はどこでもほぼ一様な速さで海岸線に近づいてきます.

これからは,昨日の"先生との対話"でもいったように,この近さの感じを, $C^0[a, b]$ を見る視点の中にはっきりと加えておきたいので, $C^0[a, b]$ を**連続関数の空間**ということにしましょう.

この空間の中で系列 $\{f_n\}$ が, $n\to\infty$ のとき,ある f に近づく条件は, $\{f_n\}$ がコーシー列となっていること,すなわち

$$\|f_m - f_n\| \longrightarrow 0 \quad (m, n \to \infty)$$

が成り立つことでした.実数のとき,対応することは,コーシーの収束条件(第1週,火曜日)として実数の連続性に対する1つの表現となっていましたが, $C^0[a, b]$ に対して連続性という言葉を使うのは少し不適当のようです. $C^0[a, b]$ の場合には,コーシー列は必ず収束するという性質を**完備**であるといい表わします. $C^0[a, b]$

の中で，互いにどこまでも近づき合っていく系列 $\{f_n\}$ は，究極的に収束する関数 f を $C^0[a,b]$ の中に必ず見出すことができます．その性質を完備というのです．"完備"は英語では complete です．complete の方が，収束については，$C^0[a,b]$ は完全に自足し整った体系をつくっているという感じを，より適確に皆さんに伝えているかもしれませんね．

　私たちは，今日は昨日証明し残した一様収束する関数列の積分と微分の問題をまず取り上げます．次にその結果を用いて，$C^1[a,b], C^2[a,b], \cdots, C^k[a,b]$ にも距離を導入し，この距離に関し，それぞれの空間がやはり完備性をもっていることを示すことにします．ここでも積分による橋渡しが効いて，$C^0[a,b]$ の完備性が $C^1[a,b], \cdots, C^k[a,b]$ へと逐次伝えられていくのです．このような話を通して，皆さんがある性質をみたす関数の全体を，1つの総合的な体系——関数空間——として見るような視点になれ親しんでいただければよいがと思っています．

定理 A, B の証明

　昨日，"一様収束と積分，微分"の項で証明を与えなかった2つの定理について，まず証明を与えることにしよう．

　定理 A のいっていることは，$C^0[a,b]$ の中で $f_n \to f$ $(n\to\infty)$ ならば

$$\int_a^x f_n(t)dt \longrightarrow \int_a^x f(t)dt \quad (n\to\infty) \qquad (1)$$

が成り立つということである．これは次のように示すことができる．

　$f_n \to f$ により，どんな小さい正数 ε をとってもある番号 N が決まって，$n \geqq N$ ならば $\|f_n - f\| < \varepsilon$, すなわち

$$\underset{a \leqq t \leqq b}{\mathrm{Max}} |f_n(t) - f(t)| < \varepsilon$$

が成り立つ．したがって $n \geqq N$ のとき

$$\left|\int_a^x f_n(t)dt - \int_a^x f(t)dt\right| \leq \int_a^x |f_n(t)-f(t)|dt$$
$$\leq \int_a^b |f_n(t)-f(t)|dt$$
$$\leq (b-a)\max_{a\leq t\leq b}|f_n(t)-f(t)| < (b-a)\varepsilon$$

ε をどんなに 0 に近くとっても，番号 N さえ十分大きくとればこの式が成り立つのだから，このことは(1)が成り立つことを示している．これで定理 A が証明された．

定理 B でいっていることは，$C^1[a,b]$ の中の系列 $\{f_n\}$ が，$n\to\infty$ のとき，$f_1, f_2, \cdots, f_n, \cdots$ はある $f\in C^0[a,b]$ に一様収束し，また導関数 $f_1', f_2', \cdots, f_n', \cdots$ もまたある $g\in C^0[a,b]$ に一様収束しているとする．このとき f は微分可能であって $f'(t)=g(t)$ となるというのである．

この証明は次のようにする．すぐ上に証明した定理 A によって

$$\int_a^x f_n'(t)dt \longrightarrow \int_a^x g(t)dt \tag{2}$$

この左に書いた式は

$$f_n(x)-f_n(a)$$

に等しいが，f_n は f に一様収束しているのだから，$n\to\infty$ のとき一様に

$$f_n(x)-f_n(a) \longrightarrow f(x)-f(a)$$

となる．したがって(2)から

$$f(x)-f(a) = \int_a^x g(t)dt$$

が成り立つ．この両辺を微分すると

$$f'(x) = g(x)$$

となり，これで定理 B が証明された．

$C^1[a,b]$ の完備性

定理 A でいっていることは簡明だが，それにくらべると定理 B

の方は，いっていることが何かわかりにくいと思われる人も多いかもしれない．定理 B で示された内容は，次のようにいい直すとすっきりするだろう．

> **定理 B'** $C^1[a,b]$ の 2 つの関数 f,g の距離 $\|f-g\|^{(1)}$ を
> $$\|f-g\|^{(1)} = \|f-g\| + \|f'-g'\|$$
> と定義すると，この距離に関し $C^1[a,b]$ は完備である．

すなわちこの距離によって，$C^1[a,b]$ の中で，f 自身と，f の導関数 f' の一様収束に関する近さを同時に測ろうというのである．そうするとこの距離に関し，コーシーの条件
$$\|f_m - f_n\|^{(1)} \longrightarrow 0 \quad (m,n \to \infty)$$
をみたす系列 $\{f_n\}$ は，必ず $C^1[a,b]$ の中のある関数 f に収束するのである．実際 $m,n \to \infty$ のとき
$$\|f_m - f_n\|^{(1)} \to 0 \iff \|f_m - f_n\| + \|f_m' - f_n'\| \to 0$$
$$\iff \begin{cases} \|f_m - f_n\| \to 0 & (3) \\ \|f_m' - f_n'\| \to 0 & (4) \end{cases}$$
である．$C^0[a,b]$ は完備であることに注意すると，(3)から，ある $f \in C^0[a,b]$ があって
$$f_n \longrightarrow f \quad (n \to \infty)$$
となることがわかる．また(4)から，ある $g \in C^0[a,b]$ があって
$$f_n' \longrightarrow g \quad (n \to \infty)$$
となることがわかる．定理 B から $g = f'$ である．したがって，
$$\|f_n - f\|^{(1)} \longrightarrow 0$$
であることが示され，$\{f_n\}$ は $n \to \infty$ のとき，$C^1[a,b]$ の中で f に収束する．

♣ 37 頁で C^1-級の関数を定義するときに，単に微分可能な関数というだけでなく，導関数の連続性も定義しておいた．定理 B' を見ると，このような定義が単に便宜的なものではなく，むしろ本質的なものであったということがわかるだろう．

同じような議論を繰り返すと，一般に C^k-級の関数についても，

実は次のことが成り立つことがわかる．

> **定理 C** $C^k[a,b]$ の中の 2 つの関数 f, g の距離 $\|f-g\|^{(k)}$ を
> $$\|f-g\|^{(k)} = \|f-g\| + \|f'-g'\| + \|f''-g''\| + \cdots + \|f^{(k)}-g^{(k)}\|$$
> と定義すると，この距離に関し $C^k[a,b]$ は完備である．

同じことであるが系列 $f_n \in C^k[a,b]$ ($n=1, 2, \cdots$) があって k 階までの導関数の系列がすべて一様収束するならば，$f_n \to f$ とするとき，$f_n^{(l)} \to f^{(l)}$ が成り立つのである．

関数項の級数の積分，微分

いままでは関数列の場合を述べてきたが，とくに
$$f_1, \ f_1+f_2, \ f_1+f_2+f_3, \ \cdots, \ f_1+f_2+\cdots+f_n, \ \cdots$$
の形をした関数列の収束を問題とすると，それは関数を項とする級数
$$\sum_{n=1}^{\infty} f_n(x)$$
の収束を考えることになる．

区間 $[a,b]$ で定義された連続関数 f_n に対し，級数 $\sum_{n=1}^{\infty} f_n(x)$ がある連続関数 $f(x)$ に一様収束するということを，どんなに小さい正数 ε をとっても，番号 N を十分大きくとると
$$\left\| \sum_{n=1}^{N} f_n - f \right\| < \varepsilon$$
が成り立つことであると定義する．44 頁で述べた定理は，級数の場合に述べると次のようになる．

連続関数を項とする級数 $\sum_{n=1}^{\infty} f_n$ が一様収束するための必要十分条件は，どんな小さい正数 ε をとってもある番号 N があって
$$m > n \geqq N \quad \text{ならば} \quad \|f_n + f_{n+1} + \cdots + f_m\| < \varepsilon$$
が成り立つことである．この条件が成り立てば，級数は連続関数へと一様収束する．

このとき，定理 A, B, C は次のようにいい直すことができる．

> **定理 Ã** 区間 $[a,b]$ で定義された連続関数 $f_1, f_2, \cdots, f_n, \cdots$ を項とする級数 $\sum\limits_{n=1}^{\infty} f_n$ が, f に一様収束すれば
> $$\int_a^x f(t)dt = \sum_{n=1}^{\infty} \int_a^x f_n(t)dt$$
> が成り立つ.

これを**項別積分の定理**という.

実際, $s_n = f_1 + \cdots + f_n$ とおいて定理 A を適用すると, $n \to \infty$ のとき
$$\int_a^x s_n(t)dt = \sum_{k=1}^{n} \int_a^x f_k(t)dt \longrightarrow \int_a^x f(t)dt$$
となるが, 一方この左辺の極限値を $\sum\limits_{n=1}^{\infty} \int_a^x f_n(t)dt$ と表わしているのだから, 上の定理が成り立つ.

> **定理 B̃** 区間 $[a,b]$ で定義された C^1-級の関数 $f_1, f_2, \cdots, f_n,$ $\cdots$ を項とする級数 $\sum\limits_{n=1}^{\infty} f_n$ が, $\sum\limits_{n=1}^{\infty} f_n$ も, $\sum\limits_{n=1}^{\infty} f_n'$ も一様収束しているならば
> $$\left(\sum_{n=1}^{\infty} f_n(x)\right)' = \sum_{n=1}^{\infty} f_n'(x)$$
> が成り立つ.

これを**項別微分の定理**という. これも $s_n = f_1 + \cdots + f_n$ とおくと, $s_n' = f_1' + \cdots + f_n'$ で
$$s_n \longrightarrow \sum_{n=1}^{\infty} f_n, \quad s_n' \longrightarrow \sum_{n=1}^{\infty} f_n' \quad (n \to \infty)$$
となることに注意すると, 定理 B から得られる.

♣ 定理 C は, 次のような形になる.

> **定理 C̃** 区間 $[a,b]$ で定義された C^k-級の関数 $f_1, f_2, \cdots, f_n, \cdots$ を項とする級数 $\sum\limits_{n=1}^{\infty} f_n$ があり, $l = 0, 1, 2, \cdots, k$ に対して, l 階導関数のつくる級数 $\sum\limits_{n=1}^{\infty} f_n^{(l)}$ が一様収束するならば,

$$\left(\sum_{n=1}^{\infty} f_n\right)^{(l)} = \sum_{n=1}^{\infty} f_n^{(l)} \qquad (l=1,2,\cdots,k)$$

が成り立つ(高階の場合の項別微分).

定理 C と定理 C̃ を見くらべると，その表現の仕方はかなり違っているが，定理 B→定理 B′→定理 B̃ と移った道を参照すると，実は同じ内容を述べていることがわかるのである.

積分と微分の順序の交換

少し話を変えよう．2 変数の関数については，第 6 週で詳しく話すつもりだが，ここではすぐあとの話に必要となるようなことだけを，かいつまんで述べておくことにしよう.

x と y を，それぞれ独立に動く変数としたとき，$(x+3y)^2$ や，$\sin x \cos(xy)$ のように表わされる関数を 2 変数 x, y の関数といって

$$f(x,y) = (x+3y)^2, \quad g(x,y) = \sin x \cos(xy)$$

のように表わす．この表わし方で

$$f(2,-5) = (2-15)^2 = 169, \quad f\left(\frac{1}{2}, \frac{1}{3}\right) = \left(\frac{1}{2}+1\right)^2 = \frac{9}{4}$$

$$g\left(\frac{\pi}{2}, \frac{1}{3}\right) = \sin\frac{\pi}{2}\cos\left(\frac{\pi}{2}\cdot\frac{1}{3}\right) = \frac{\sqrt{3}}{2},$$

$$g\left(-\frac{\pi}{6}, 0\right) = \sin\left(-\frac{\pi}{6}\right)\cos 0 = -\frac{1}{2}$$

となる.

y をとめて，x だけの関数と思って微分することを x についての偏微分といって，$\dfrac{\partial}{\partial x}$ という微分の記号を用いる．上の例では

$$\frac{\partial f}{\partial x} = \frac{\partial}{\partial x}(x+3y)^2 = 2(x+3y)$$

$$\frac{\partial g}{\partial x} = \cos x \cos(xy) + \sin x(-\sin(xy)y)$$

（y は定数と考えている）

$$= \cos x \cos(xy) - y \sin x \sin(xy)$$

また x をとめて，y だけの関数と思って微分することを y についての偏微分といって，$\dfrac{\partial}{\partial y}$ という微分の記号を用いる．$f(x,y)$, $g(x,y)$ を y について偏微分すると次のようになる．

$$\frac{\partial f}{\partial y} = \frac{\partial}{\partial y}(x+3y)^2 = 2(x+3y)\cdot 3 = 6(x+3y)$$

$$\frac{\partial g}{\partial y} = \sin x(-\sin(xy))\cdot x \quad （x \text{ は定数と考えている}）$$

$$= -\sin x \sin(xy)\cdot x$$

♣ 一般の 2 変数の関数 $f(x,y)$ について，偏微分の定義を書いておくと

$$\frac{\partial f}{\partial x}(x,y) = \lim_{h\to 0}\frac{f(x+h,y)-f(x,y)}{h}$$

$$\frac{\partial f}{\partial y}(x,y) = \lim_{k\to 0}\frac{f(x,y+k)-f(x,y)}{k}$$

である．

2 変数の関数 $f(x,y)$ が定義されている範囲とは，座標平面上のある範囲を指すことになる．私たちはここでは，座標平面上の長方形

$$a \leqq x \leqq b,\ c \leqq y \leqq d$$

で定義されている関数 $f(x,y)$ を考えることにする．この長方形の点 (x,y) に対して，1 つの実数値 $f(x,y)$ が対応していることになる．

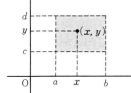

長方形のどの点 (p,q) をとっても

$$x \longrightarrow p,\ y \longrightarrow q \quad \text{ならば} \quad f(x,y) \longrightarrow f(p,q)$$

が成り立つとき，$f(x,y)$ は連続な関数という．長方形上で定義された連続な関数は，一様連続な関数となる（この証明は 7 頁の定理の証明と同じ考えでできるが，ここでは省略する）．すなわち次の

ことが成り立つ．

どんなに小さい正数 ε をとっても，ある正数 δ をとると

$$|x-x'|<\delta, \quad |y-y'|<\delta \quad \text{ならば} \quad |f(x,y)-f(x',y')|<\varepsilon$$

とくに，

$$|x-x'|<\delta \quad \text{ならば} \quad |f(x,y)-f(x',y)|<\varepsilon \tag{5}$$

が成り立っていることを注意しよう．

次の定理は，定理 B に基づいているが，いろいろな場所でよく使われる定理である．

> **定理** $f(x,y)$ は $a \leqq x \leqq b$, $c \leqq y \leqq d$ で定義された連続な関数で，$\dfrac{\partial f}{\partial y}(x,y)$ もこの範囲で連続な関数とする．このとき
> $$\frac{d}{dy}\left(\int_a^b f(x,y)dx\right) = \int_a^b \frac{\partial f}{\partial y}(x,y)dx$$
> が成り立つ．

この定理は簡単にいえば，積分してから微分しても，微分してから積分しても，結果は同じであるといっているのである．

［証明］区間 $[a,b]$ を n 等分すると，分点は

$$x_0 = a, \quad x_1 = a + \frac{b-a}{n}, \quad x_2 = a + \frac{2}{n}(b-a), \cdots,$$

$$x_k = a + \frac{k}{n}(b-a), \cdots, \quad x_n = b$$

となる．この分点を用いて，定積分を近似することにしよう．そのため

$$F_n(y) = \sum_{k=1}^n f(x_k, y)\frac{b-a}{n}$$

$$F_n'(y) = \sum_{k=1}^n \frac{\partial}{\partial y}f(x_k, y)\frac{b-a}{n}$$

とおく．

ここで y をとめて，$n \to \infty$ とすると

$$F_n(y) \longrightarrow \int_a^b f(x,y)dx$$
$$F_n'(y) \longrightarrow \int_a^b \frac{\partial f}{\partial y}(x,y)dx \tag{6}$$

となる．この収束を，2つの関数列 $\{F_n(y)\}$, $\{F_n'(y)\}$ の収束とみて，定理 B を適用してみたい．実際この収束は y につき一様収束しているのである．このことは $f(x,y)$, $\frac{\partial f}{\partial y}(x,y)$ の一様連続性からの結論である．たとえば $F_n(y)$ が一様収束することだけを確かめておこう．積分の定義にもどると

$$\left| F_n(y) - \int_a^b f(x,y)dx \right|$$
$$\leq \sum_{k=1}^n \left\{ \underset{x_{k-1} \leq x \leq x_k}{\text{Max}} f(x,y) - \underset{x_{k-1} \leq x \leq x_k}{\text{Min}} f(x,y) \right\} \frac{b-a}{n}$$

であるが，$f(x,y)$ の一様連続性から，(5)により n さえ十分大きくとると，この $\{\ \}$ の中は ε 以下にできる．したがって上の式は，y に無関係に $\varepsilon(b-a)$ で押えられることがわかる．このことは $F_n(y)$ が $y \to \infty$ のとき $\int_a^b f(x,y)dx$ へ一様収束していることを示している．

同様にして $F_n'(y)$ も，$n \to \infty$ のとき一様収束していることがわかる．

したがって(6)に定理 B を適用することができる．定理 B によればこのとき

$$\frac{d}{dy}\int_a^b f(x,y)dx = \int_a^b \frac{\partial f}{\partial y}(x,y)dx$$

が成り立つが，これは証明することであった． （証明終り）

定理 B が，このように掘り下げられ姿を変えていく中にも，私たちは極限概念が数学にもたらした豊かさを垣間見ることができる．

この定理を使う簡単な例を述べておこう．

$\alpha \neq 0$ に対して

$$\int_0^1 e^{\alpha x} dx = \frac{1}{\alpha}(e^{\alpha} - 1)$$

である．いま $f(x, \alpha) = e^{\alpha x}$ とおいて，（変数 y を α に変えてあるが）定理を用いてこの式の両辺を α で微分してみると

$$\int_0^1 x e^{\alpha x} dx = -\frac{1}{\alpha^2}(e^{\alpha} - 1) + \frac{1}{\alpha} e^{\alpha}$$

この式の両辺をもう一度 α で微分してみると

$$\int_0^1 x^2 e^{\alpha x} dx = \frac{2}{\alpha^3}(e^{\alpha} - 1) - \frac{2}{\alpha^2} e^{\alpha} + \frac{1}{\alpha} e^{\alpha}$$

となる．さらにこの式の両辺を α で微分すれば $\int_0^1 x^3 e^{\alpha x} dx$ も求められる．

もちろんここまでならば，同じ結果は部分積分を繰り返し適用しても得られるが，それでもそれはかなり手間のかかることになる．しかし私たちは上のような計算によって，さらに

$$\int_0^1 x^n e^{\alpha x} dx = \frac{(-1)^n n!}{\alpha^{n+1}}(e^{\alpha} - 1) + \left(\frac{A_0}{\alpha^n} + \frac{A_1}{\alpha^{n-1}} + \cdots + \frac{A_{n-1}}{\alpha} \right) e^{\alpha}$$

と表わされることが推察できる．実際この式は n についての帰納法を用いて，両辺を α で微分することによりすぐに確かめられる．

この例でも推察されるように，上の定理を用いると，複雑な定積分の計算が，微分を用いて簡単に求められることもある．解析学の本など開いて見ると，眼の覚めるようなこの定理の使い方をしているのに出会うこともある．定理は，微分と積分とが行き交う1つの場所を示しているのだ，とみておくとよいだろう．

C^{∞}-級の関数

いままでは積分可能な関数から出発し，連続関数，C^1-級の関数，…，C^k-級の関数まで考えてきた．ここでさらに何回でも微分できる関数を考察の範囲に加えておく必要がある．何回でも微分できる関数を，**C^{∞}-級の関数**，または**滑らかな関数**という．$f(x)$ が C^{∞}-級の関数のときには，高階導関数のつくる関数の無限系列

$$f(x),\ f'(x),\ f''(x),\ \cdots,\ f^{(k)}(x),\ \cdots$$
を考えることができる．

　整式で表わされる関数は C^∞-級の関数である．またベキ級数で表わされる関数はその定義域の内部で C^∞-級の関数である．

　区間 $[a,b]$ で定義された C^∞-級関数全体の集りを $C^\infty[a,b]$ で表わすことにすると，集合としての包含関係
$$C^0[a,b] \supset C^1[a,b] \supset \cdots \supset C^k[a,b] \supset \cdots \supset C^\infty[a,b]$$
が成り立つ．

　C^∞-級の関数に対しては次の定理が成り立つ．

定理　$C^\infty[a,b]$ の中の系列 $f_1, f_2, \cdots, f_n, \cdots$ があって次のことが成り立つとする．

（ⅰ）$n \to \infty$ のとき，区間 $[a,b]$ で $f_1, f_2, \cdots, f_n, \cdots$ はある関数 f に一様収束する．

（ⅱ）$n \to \infty$ のとき，区間 $[a,b]$ で各 $k=1,2,\cdots$ に対し導関数の系列 $f_1^{(k)}, f_2^{(k)}, \cdots, f_n^{(k)}, \cdots$ はある関数 g_k に一様収束する．

このとき f は C^∞-級の関数であって
$$f^{(k)}(x) = g_k(x) \qquad (k=1,2,\cdots)$$
が成り立つ．

　これは定理Cで C^k-級の関数に対して述べている内容を，すべての k に対し成り立つという形で述べたものとなっている．

　C^∞-級の関数（簡単のため C^∞-関数ともいうが）の話をするとき，次の関数がよく登場してくる．
$$\varphi(x) = \begin{cases} e^{-\frac{1}{x^2}} & x \neq 0 \\ 0 & x = 0 \end{cases}$$

$x \to 0$ のとき，$\frac{1}{x^2} \to \infty$，したがって $e^{\frac{1}{x^2}} \to \infty$，したがってまたその逆数である $\varphi(x)$ は 0 に近づく．$\varphi(0) = 0$ と定義しておいたのだから，$\varphi(x)$ は $x = 0$ で連続である．なお $x \neq 0$ で連続なことは明らかである．

また，$e^{\frac{1}{x^2}}$ の展開 $\sum_{n=0}^{\infty} \frac{1}{n!} \frac{1}{x^{2n}}$ を考えると，どんな大きい自然数 N をとっても

$$e^{\frac{1}{x^2}} > \frac{1}{N!} \frac{1}{x^{2N}}$$

が成り立つから，$x \neq 0$ で逆数をとると

$$\varphi(x) < N! x^{2N}$$

となることがわかる．だから $x \to 0$ のとき $\varphi(x)$ は x^{100} よりも，x^{10000} よりも速いスピードで 0 に近づくことがわかる．

そこまでは，すぐにわかっても，$\varphi(x)$ が C^∞-級の関数であることはすぐにはわからない．$x = 0$ のところが問題で，そこで本当に何回でも微分可能かどうかがはっきりしないのである．それを示すために，次のような 2 段階の議論をする．

第 1 段階：$x \neq 0$ で，$\varphi(x)$ の k 階の導関数 $\varphi^{(k)}(x)$ は

$$\varphi^{(k)}(x) = P_k\left(\frac{1}{x}\right) e^{-\frac{1}{x^2}} \qquad (7)_k$$

の形をとる．ここで $P_k\left(\frac{1}{x}\right)$ は $\frac{1}{x}$ についての整式を表わしている．

$(7)_k$ を示すには次のように数学的帰納法を使うとよい．

$\varphi^{(0)}(x) = \varphi(x)$ のときは $P_0\left(\frac{1}{x}\right) = 1$ で $(7)_0$ は成り立っている．k についての帰納法を用いることにして，$\varphi^{(k)}(x)$ については $(7)_k$ は正しいとする．$t = \frac{1}{x}$ とおくと

$$\varphi^{(k)}(x) = P_k(t) e^{-t^2}$$

となる．したがって

$$\varphi^{(k+1)}(x) = \frac{d\varphi^{(k)}}{dx} = \frac{d\varphi^{(k)}}{dt} \frac{dt}{dx} = \frac{d}{dt}(P_k(t) e^{-t^2}) \frac{dt}{dx}$$

$$= \{P_k'(t) + P_k(t)(-2t)\} e^{-t^2} \cdot \left(-\frac{1}{x^2}\right)$$

したがって

$$P_{k+1}\left(\frac{1}{x}\right) = \left\{P_k{}'\left(\frac{1}{x}\right) - \frac{2}{x}P_k\left(\frac{1}{x}\right)\right\}\left(-\frac{1}{x^2}\right)$$

とおくと，P_{k+1} は $\frac{1}{x}$ についての整式で，$(7)_{k+1}$ が成り立つ．帰納法により，これですべての k に対し，$(7)_k$ が成り立つことが証明された．

第2段階：$\varphi(x)$ の定義から，$\varphi(0)=0$ である．この式を $x=0$ における0階の微分 $\varphi^{(0)}(0)=0$ とみて，帰納法の出発点とする．いま k 階まで $\varphi(x)$ は $x=0$ で微分可能とし，

$$\varphi^{(k)}(0) = 0 \qquad (8)_k$$

が成り立つとする．そのとき

$$\lim_{h\to 0}\frac{\varphi^{(k)}(h)-\varphi^{(k)}(0)}{h} = \lim_{h\to 0}\frac{\varphi^{(k)}(h)}{h} = \lim_{h\to 0}\frac{1}{h}P_k\left(\frac{1}{h}\right)e^{-\frac{1}{h^2}}$$

いま

$$P_k\left(\frac{1}{h}\right) = A_0\left(\frac{1}{h}\right)^N + A_1\left(\frac{1}{h}\right)^{N-1} + \cdots \qquad (A_0 \neq 0)$$

$$= A_0\left(\frac{1}{h}\right)^N\left\{1 + \frac{A_1}{A_0}h + \cdots\right\}$$

とすると，$h\to 0$ のとき，$P_k\left(\frac{1}{h}\right) \doteqdot A_0\left(\frac{1}{h}\right)^N$．したがって

$$\lim_{h\to 0}\frac{1}{h}P_k\left(\frac{1}{h}\right)e^{-\frac{1}{h^2}} = \lim_{h\to 0}\frac{A_0}{h^{N+1}}e^{-\frac{1}{h^2}}$$

ここで，$e^{-\frac{1}{h^2}}$ が h^{N+1} よりも速く0に近づくことを使うと，この極限値が0となることがわかる．

これで

$$\varphi^{(k+1)}(0) = \lim_{h\to 0}\frac{\varphi^{(k)}(h)-\varphi^{(k)}(0)}{h} = 0$$

が示されて，$(8)_{k+1}$ が成り立つことがわかった．したがって $\varphi(x)$ は $x=0$ で何回でも微分可能である．

$x\neq 0$ のところで，$\varphi(x)$ は C^∞-級であることは明らかだから，これで $\varphi(x)$ が C^∞-級の関数であることが証明された．

グラフが台地のようになる C^∞-関数

いま登場してきた C^∞-関数 $\varphi(x)$ は
$$\varphi(0) = \varphi'(0) = \varphi''(0) = \cdots = \varphi^{(k)}(0) = \cdots = 0$$
という事実が，きわ立っている．このことは $x=0$ では，微分の値は $\varphi(x)$ に対して何の情報ももたらさないということを示している．このことから，$\varphi(x)$ は $x=0$ のどんなに近い範囲でも，マクローラン展開されない関数であることがわかる．実際，もしマクローラン展開されるとすると
$$\varphi(x) = \varphi(0) + \frac{\varphi'(0)}{1!}x + \frac{\varphi''(0)}{2!}x^2 + \cdots + \frac{\varphi^{(n)}(0)}{n!}x^n + \cdots$$
となるはずだが，これから $\varphi(x)=0$ が導かれてしまう．$x \neq 0$ で $\varphi(x)>0$ だから，これは矛盾である．

$\varphi(x)$ が C^∞-関数だから
$$\phi(x) = \begin{cases} \varphi(x) & x>0 \\ 0 & x \leq 0 \end{cases}$$
もまた C^∞-関数となり，やはり $\phi(0)=\phi'(0)=\cdots=\phi^{(k)}(0)=\cdots=0$ が成り立つ．

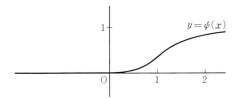

この関数 $\phi(x)$ を用いて，順次
$$f_1(x) = \phi(x)\phi(1-x)$$
$$f_2(x) = \int_{-1}^{x} f_1(t)dt$$
と定義する．$f_1(x)$ も $f_2(x)$ も C^∞-関数である．

$f_2(x)$ は，-1 から x まで測った $f_1(x)$ のグラフのつくる面積であることに注意すると，$y=f_1(x)$, $y=f_2(x)$ のグラフは次のような

形になる.

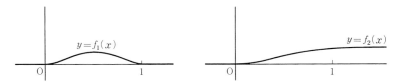

$y = f_2(x)$ は $x \leqq 0$ では 0, $x \geqq 1$ では 1 となっている. そこで

$$f_3(x) = \frac{1}{f_2(1)} f_2(x)$$

とおくと, $f_3(x)$ は $0 \leqq x \leqq 1$ で単調増加な C^∞-関数で

$$f_3(x) = \begin{cases} 0 & x \leqq 0 \\ 1 & x \geqq 1 \end{cases}$$

をみたしている.

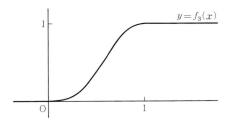

この関数 $f_3(x)$ を用いて, グラフが台地のような形をしている C^∞-関数 $F(x)$ を次のようにつくることができる. いま2つの実数 $a, b\ (a < b)$ をとり, また正数 ε を1つとっておく. そして

$$\Phi(x) = f_3\left(1 + \frac{x-a}{\varepsilon}\right) f_3\left(1 + \frac{b-x}{\varepsilon}\right)$$

とおくと, $\Phi(x)$ は C^∞-関数で

$$\Phi(x) = \begin{cases} 1 & x \in [a, b] \\ 0 & x \notin (a-\varepsilon, b+\varepsilon) \end{cases}$$

となっており, $y = \Phi(x)$ のグラフは, a と b の間で高さ 1 の台地のような形をとっている.

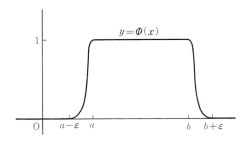

歴史の潮騒

　昨日の"歴史の潮騒"の話を続ける形で，一様収束の概念をめぐる歴史の流れを追ってみよう．一様収束の考えの萌芽は，1847年に発表されたザイデルの論文『不連続関数を表わす級数の性質に関する注意』の中で見ることができるといわれている．ここでザイデルは，連続関数を項とする級数が，ある点 x で不連続性を示すならば，x のごく近くでは，収束する速さは非常におそくなる，ということを定理の形で述べている．しかしザイデルのこの定理の形式は，あくまで不連続点のまわりの考察だけに限られていて，区間全体にわたる収束の一様性という観点には至っていなかったのである．ザイデルはこの論文の中で，まことに注意深く"さらに研究を進めてみなければ，これと同じ状況（連続関数を項とする級数が，ある場所で極端にスピードダウンして収束する状況）が起きたとしても，不連続性のジャンプをひき起こさない可能性もあるかもしれない"と述べている．実際，このような例は，後に1875年にダルブーの『不連続関数についての考察』という論文の中で与えられた．それは次のような級数である．

$$\sum_{n=1}^{\infty} \{n^2 x^2 e^{-n^2 x^2} - (n+1)^2 x^2 e^{-(n+1)^2 x^2}\} = x^2 e^{-x^2}$$

この左辺の級数は $(-\infty, \infty)$ の範囲で一様収束しないが（問題[3]参照），右辺を見ると和は連続関数になっている．デュ・ボァ・レイモンも同じ頃，似たような例を与えている．

ザイデルの論文は，あまり目立たない数学誌（バイエル科学アカデミー報文）に掲載されたこともあり，また当時なお，このような問題に対する関心が薄いこともあって，それほど注意をひかなかったようである．

1853年になって，コーシーは1821年の誤り（火曜日"歴史の潮騒"参照）を正した論文を発表した．それは，連続関数を項とする級数が一様収束すれば，その和は連続関数になる，というものであった．しかしこの論文も当時それほど注意をひかなかった．

1850年代までは，このように連続関数を項とする級数が連続となるかどうかという問題が主に取り上げられてきた．しかしこの頃からワイエルシュトラスはさらに，関数を項とする級数が項別に微分，積分できるかということを問題とし，この問題意識の中から，一様収束の概念がはっきりと取り出されてきたようである．このことについても，コーシーは1823年に，連続関数を項とする収束級数は項別に積分できるという誤まった結果を示していたが，当時はこのようなことは当然成り立つものとして，疑問視されることもなかったのである．

一様収束しないとき，一般には項別積分できないということは，ダルブーが上に述べた論文の中で次のような例で示している（問題[4]参照）

$$\sum_{n=1}^{\infty} \{-2n^2 x e^{-n^2 x^2} + 2(n+1)^2 x e^{-(n+1)^2 x^2}\} = -2x e^{-x^2}$$

1866年に，トメが一様収束性と項別微分，項別積分との関係を明らかにしたが，この論文の内容は彼が出席していたワイエルシュトラスの講義から，多くの示唆を得ていたようである．

このあと，ハイネやデュ・ボァ・レイモン等の仕事により，一様収束の概念が1870年代になって数学の中にやっと定着するようになった．つまり一様収束の概念の確立には，19世紀数学の中の50年近くを要したのである．この歴史を知った上で，改めて昨日と今日の話を振り返ってみると，でき上がってしまえば平明なものともみえる概念に対しても，数学はその育成にどれほどの時間をかけた

かがよくわかるだろう．

先生との対話

先生がまず

「今日は，連続関数やC^k-関数の集りを見ながら，一様収束の話を中心にして話を進めてきましたが，そこに微分と積分とが綾織るように入って，皆さんもきっと印象深かったでしょう．」
といわれた．山田君が皆の気持を代弁するように，上手に感想を述べた

「そうです．昨日から今日にかけての話の流れは，新しい見方を学んだようで，ぼくはとても面白く感じました．一様収束という考えを先に立てて見ると，連続関数の集りも，C^k-関数の集りも同じ高さの視点から見ることができるのですね．」

明子さんはノートを見直して今日の話の復習をしていたが，少し不審そうな顔をして，手を上げて質問した．

「C^k-級の関数までは，一様収束についての項別微分の結果を，距離
$$\|f-g\|^{(k)} = \|f-g\| + \|f'-g'\| + \cdots + \|f^{(k)}-g^{(k)}\|$$
を導入したとき，$C^k[a,b]$ が完備であるという簡明な言い方でいうことができました．でも C^∞-関数のときは，すべての高階導関数を一斉に考えなくてはなりませんから，似たような距離を考えるといっても
$$\|f-g\| + \|f'-g'\| + \cdots + \|f^{(k)}-g^{(k)}\| + \cdots$$
となって，これは一般には発散して $+\infty$ となります．そうすると，C^∞-関数のときは，一様収束に関する定理(69頁)を，C^k-関数のときのように，適当な距離について完備性をもつ，という言い方で表わすことはできなくなるのでしょうか．」

先生は黙ってうなずいて，黒板に次のような式を書かれた．

$$\frac{1}{2}|s| \leqq \frac{|s|}{1+|s|} \leqq |s|, \quad |s| \leqq 1 \text{ のとき}$$

$$\frac{|s+t|}{1+|s+t|} \leq \frac{|s|}{1+|s|} + \frac{|t|}{1+|t|}$$

皆は先生が何を書かれたのだろうと思いながら，ノートに式を書きうつした．先生が黒板を見ながら説明された．

「これは明子さんの質問に答えるための用意なのです．最初の不等式が成り立つことはすぐわかるでしょう．2番目の不等式の証明は，少し厄介です．次のようにするとよいでしょう．s, t のどちらか少なくとも一方が 0 ならば明らかですから，$s, t \neq 0$ とします．

$$\frac{|s+t|}{1+|s+t|} = \frac{1}{\frac{1}{|s+t|}+1} \leq \frac{1}{\frac{1}{|s|+|t|}+1} = \frac{|s|+|t|}{|s|+|t|+1}$$

$$\leq \frac{|s|+|t|+2|s||t|}{|s|+|t|+1+|s||t|} = \frac{|s|(1+|t|)+|t|(1+|s|)}{(1+|s|)(1+|t|)}$$

$$= \frac{|s|}{1+|s|} + \frac{|t|}{1+|t|}$$

これは上手な証明ですが，妙な証明といえるかもしれませんね．

いずれにしてもこの不等式が成り立つおかげで，私たちは，$f, g \in C^0[a, b]$ に対して，今までの $\|f-g\|$ の代りに

$$\|f-g\|^\sim = \frac{\|f-g\|}{1+\|f-g\|}$$

を考えてもよくなりました．なぜかというと，上の最初の不等式は

$$\|f_n - f\|^\sim \to 0 \iff \|f_n - f\| \to 0 \quad (n \to \infty)$$

を示しています．ですから $\|f_n - f\|^\sim \to 0 \, (n \to \infty)$ ということは，f_n が f に一様収束するのと同じことなのです．

2番目の不等式は

$$\|f-g\|^\sim \leq \|f-h\|^\sim + \|h-g\|^\sim$$

が成り立つことを示しています．さらに

$$0 \leq \|f-g\|^\sim < 1 \tag{9}$$

であることに注意しましょう．

これ以上，立ち入ったことは述べませんが，明子さんの質問に答えるには，$C^\infty[a, b]$ の中に距離 $\|f-g\|^\infty$ を

$$\|f-g\|^{(\infty)} = \|f-g\|^{\sim} + \frac{1}{2}\|f'-g'\|^{\sim} + \frac{1}{2^2}\|f''-g''\|^{\sim} + \cdots$$

$$= \sum_{k=0}^{\infty} \frac{1}{2^k}\|f^{(k)}-g^{(k)}\|^{\sim}$$

とおくとよいのです．$\|f-g\|^{(\infty)}$ は(9)からつねに有限の値となります．そして，この距離に関し $C^{\infty}[a,b]$ が完備である――コーシー列は必ず収束する――ということと，69頁に述べた定理とが，実は同じ内容を伝えていることになるのです．」

問　題

[1]　$C^0[a,b]$ の中の2つのコーシー列 $\{f_n\}$ と $\{g_n\}$ が同じ連続関数 φ に一様収束するための必要十分条件は，どんな小さい正数 ε をとっても，ある番号 N があって

$$m, n \geqq N \quad \text{ならば} \quad \|f_m - g_n\| < \varepsilon$$

が成り立つことであることを示しなさい．

[2]　区間 $[-1,1]$ で定義された C^{∞}-級の関数 $f(x)$ が $f(0)=0$ をみたしているとする．

(1)　$-1 \leqq a \leqq 1$ に対し

$$f(a) = \int_0^1 \frac{d}{dt} f(at) dt$$

を示しなさい．

(2)　$at = x$ とおいて

$$f(a) = a \int_0^1 \frac{d}{dx} f(at) dt$$

を示しなさい．

(3)　a を x とおきかえることにより，C^{∞}-級の関数 $g(x)$ により $f(x)$ は

$$f(x) = x g(x)$$

と表わされることを示しなさい

[3] "歴史の潮騒"の中で述べたダルブーの例

$$\sum_{n=1}^{\infty} \{n^2 x^2 e^{-n^2 x^2} - (n+1)^2 x^2 e^{-(n+1)^2 x^2}\} = x^2 e^{-x^2}$$

が$(-\infty, \infty)$で一様収束していないことを示しなさい．

[4] "歴史の潮騒"の中で述べたダルブーの例

$$\sum_{n=1}^{\infty} \{-2n^2 x e^{-n^2 x^2} + 2(n+1)^2 x e^{-(n+1)^2 x^2}\} = -2x e^{-x^2}$$

が項別積分できないことを示しなさい．

お茶の時間

質問 グラフが台地のようなC^∞-関数のつくり方は，ぼくにはとても思いつかないような方法で，非常に新鮮な気がしました．大体，いままでグラフといっても，すぐ思い浮かぶのは三角関数や指数関数のグラフで，途中が平らになっているグラフなど考えようともしませんでした．先生のお話で平地($y=0$)から台地($y=1$)へとつなぐカーブが完全に滑らか(C^∞-級)なものにとれることも少し不思議な気がしました．

ところで，こうした質問は適切ではないのかもしれませんが，このような関数はどんなときに使われるのですか．

答 グラフが途中で平坦になっているような関数$\varPhi(x)$は，そこでは$\varPhi'(x) = \varPhi''(x) = \cdots = 0$となっているのだから，解析関数ではない．$C^\infty$-関数全体の中でみれば，むしろ解析関数とちょうど対極にあるような関数であるといってよいかもしれない．このような関数に数学者が眼を向け出したのは，20世紀になってからである．それは君の質問に答えることになるかもしれないが，このような関数が数学の中で果たす役割がしだいにはっきりしたことによっている．そのうちで2つの役割だけを簡単に話してみよう．

1つは局所化である．いま$y = \tan x$のグラフで，とくにxが$\dfrac{\pi}{4}$から$\dfrac{\pi}{3}$までの変動だけに注目し，そのほかの部分は適当に切りた

いと思う．しかしあまり乱暴な切り方はしたくない．そのときには，正数 ε を十分小さくとって

$$\Phi(x) = \begin{cases} 1 & x \in \left[\dfrac{\pi}{4}, \dfrac{\pi}{3}\right] \\ 0 & x \notin \left(\dfrac{\pi}{4}-\varepsilon, \dfrac{\pi}{3}+\varepsilon\right) \end{cases}$$

のような "台地型" の C^∞-関数をとり

$$\varphi(x) = \tan x \cdot \Phi(x)$$

とおくとよい．$y=\varphi(x)$ のグラフは図のようになって，確かに $y=\tan x$ のグラフを，滑らかに $\left[\dfrac{\pi}{4}, \dfrac{\pi}{3}\right]$ に局所化して取り出したものになっている．

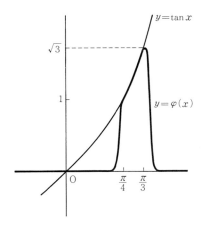

実際，この $\Phi(x)$ のような関数を用いると，$y=\tan x$ のグラフは，小さな区間で定義されたいくつかのグラフに分割され，それをつなぎ合わせたものとしてみることもできるようになってくるのである．

もう1つの役割は，一層深く解析の中に入りこんでいる．簡単のため，$x \notin (-1, 1)$ で $f(x)=0$ となっている連続関数を考えよう．したがって $y=f(x)$ のグラフは $[-1, 1]$ のところだけで波打っている——もちろんグラフには角があってとがっているかもしれない．

いま台地型の C^∞-関数 $\Phi_n(x)$ を

$$\varPhi_n(x) = \begin{cases} 1 & x \in \left[-\dfrac{1}{n}, \dfrac{1}{n}\right] \\ 0 & x \notin \left(-\dfrac{2}{n}, \dfrac{2}{n}\right) \end{cases}$$

にとり，次に

$$\tilde{\varPhi}_n(x) = \dfrac{1}{\displaystyle\int_{-1}^{1} \varPhi_n(x)dx} \varPhi_n(x)$$

とおく．そうすると

$$\int_{-1}^{1} \tilde{\varPhi}_n(x)dx = 1$$

となる．$\tilde{\varPhi}_n(x)$ のグラフが x 軸の上へと走っているのはせいぜい $\left[-\dfrac{2}{n}, \dfrac{2}{n}\right]$ の範囲であり，一方グラフの面積は 1 なのだから，$n \to \infty$ のとき $\tilde{\varPhi}_n(0) \to \infty$ となる．要するに $\tilde{\varPhi}_n(x)$ のグラフは，n が大きくなると，ますます細く高くなり，$x=0$ のところに尖塔をつくっていくようになる．

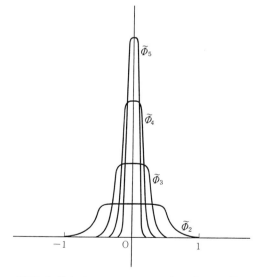

実は，この関数を使うと，$n \to \infty$ のとき，$[-1, 1]$ で一様に

$$F_n(x) = \int_{-1}^{1} f(t)\tilde{\varPhi}_n(x-t)dt \longrightarrow f(x)$$

となることが示される．よく見ると，$F_n(x)$ の変数 x は，積分記号の中の $\tilde{\Phi}_n$ の方に入っている．$\tilde{\Phi}_n$ は C^∞-関数だったから，66頁の定理を使うと $F_n(x)$ は x について何回でも微分できることがわかり，したがって $F_n(x)$ は C^∞-関数であることがわかる．だから，このことは，連続関数 $f(x)$ は，C^∞-関数で近似できることを示している．このことについては，木曜日の"先生との対話"の中でもう一度触れることになる．

木曜日

三角多項式

先生の話

　昨日までの話では，積分の計算を実際に行なうようなテーマはあまり出てきませんでした．積分的な見方に立って，関数のある区間全体にわたる大域的な変動に注目すると，そこには一様収束や，連続関数の空間のような新しい視点が得られてくるということを述べてきたのでした．

　もっとも積分的な見方という言い方で何かまだはっきりしないという人もいるかもしれません．数学における見方というものを説明するために，実数の場合における2つの見方を述べ，それと対比しながら積分的な見方とはどんなものかを話してみることにしましょう．実数を見るとき，大きく分けて2つの見方があると思います．1つは，たとえばπという実数はどんな実数かと，3.141592のさらに先に続いていくπの近似値をできるだけ正確に求めていこうというような研究の方向です．このときにはπだけに注目していますから，$\sqrt{2}$や$\sqrt{3}$などは全然視界に入ってきません．それはちょうど関数$f(x)$のある1点のごく近くにおける変動のようすを調べるために，その点における$f(x)$の高階導関数の値を次々に求めていくことに似ています．πの小数展開の先を追うことと，高階導関数の値を次々に求めていくことに，どこか類似点があります．それは関数の場合でも，考えている点の近くの$f(x)$の挙動だけに眼を凝らしていますから，ずっと離れた点における$f(x)$がどうなっているかなど，いわばほとんど関心がないということです．このような局所的な様相に関心をもって調べる調べ方を，関数の場合には微分的な見方に立っているといいます．

　一方別の見方として，実数を見るとき，πや$\sqrt{2}$などの個々の実数を取り出して，それだけを注視するのではなく，数直線をまず考え，その中の1点として，πや$\sqrt{2}$を見るという見方があります．このとき，πや$\sqrt{2}$は総合体としての数直線の中に埋もれてきます．そうすると，個々の実数というよりは，数直線の中にある1点に対

し，そのまわりの点がどのようにこの点を規定しているのかというような，一般的な問題設定がそこに登場してくることになります．実際そのような意識の中から，実数の中に収束や完備性（コーシー列の収束性）などの概念が育ってきたのでした．こうした見方は，もっと広い一般的な概念を育てる土壌となるのですね．

　このような見方に立てば，1つ1つの実数は，数直線上を伝わってその数に収束するさまざまな数列の動きを通してその存在を明らかにしていくことになるでしょう．私たちは総合体としての数直線と，個々の存在としての実数が，互いにトーンを合わせるその不思議な調和の中で，実数のもつ深みを感じとっているのです．ところでもし連続関数のつくる完備な空間 $C^0[a,b]$ を数直線になぞらえることにすれば，1つ1つの関数は，連続関数全体の中に埋もれた点のようになってみえてきます．そうすると1つ1つの関数は，その関数を近似するさまざまな関数列によって，その個性的な姿をはじめて明らかにするという見方が生じてきます．関数のグラフでいえば，1つのグラフを考えるとき，そこにしだいに波打つようにして近づいてくるグラフを視界の中に入れておくことを意味します．数直線上での数列の収束のかわりに，こんどは関数列の収束がその役割を果たすことになります．このような総合的な捉え方を，背景にしっかりと取りこんだ解析学のアプローチを，広い意味で積分的な見方に立つといってよいのではないかと思います．実際そこでは積分が，研究手段として中心に位置してきます．

　今日からは，このような連続関数の近似の考えの中でもっとも重要なフーリエ級数の理論を学んでいくことにします．フーリエ級数とは，波形のグラフをもつ関数

$$\cos x, \ \sin x, \ \cos 2x, \ \sin 2x, \ \cdots, \ \cos nx, \ \sin nx, \ \cdots$$

から合成される級数によって，連続関数を近似していく理論です．それは，第1週，第2週で学んできた，整式の立場から関数を近似しようとするべき級数とは，まったく違う理論をつくっていくことになります．ベキ級数が微分的視点に立つとすれば，フーリエ級数は積分的視点に立つことになります．

$\cos mx$, $\sin nx$ の積分

まず次の定積分の結果を記しておこう.

> 自然数 m, n に対し
> $$\int_{-\pi}^{\pi} \cos mx \cos nx \, dx = \begin{cases} 0 & m \neq n \\ \pi & m = n \end{cases}$$
> $$\int_{-\pi}^{\pi} \sin mx \sin nx \, dx = \begin{cases} 0 & m \neq n \\ \pi & m = n \end{cases}$$
> $$\int_{-\pi}^{\pi} \cos mx \sin nx \, dx = 0$$
> (1)

［証明］ どれも同じようにできるから，一番上の定積分の値だけ求めておこう．三角関数の加法定理を使うと

$$\cos mx \cos nx = \frac{1}{2}\{\cos(m-n)x + \cos(m+n)x\}$$

となる．まず $m \neq n$ のときを考えると，$m-n \neq 0$ で，またもちろん $m+n \neq 0$ だから

$$\int_{-\pi}^{\pi} \cos mx \cos nx \, dx = \frac{1}{2}\left\{\frac{1}{m-n}\sin(m-n)x \right. \\ \left. + \frac{1}{m+n}\sin(m+n)x\right\}\bigg|_{-\pi}^{\pi}$$

$\sin(m-n)x$ も $\sin(m+n)x$ も周期 2π の周期関数だから，$-\pi$ から π まで 1 周期変化すると同じ値をとる．したがってこの右辺の値は 0 となる．

一方，$m = n$ ならば

$$\cos^2 mx = \frac{1}{2}(\cos 2mx + 1)$$

により

$$\int_{-\pi}^{\pi} \cos^2 mx \, dx = \frac{1}{2}\int_{-\pi}^{\pi} \cos 2mx \, dx + \frac{1}{2}\int_{-\pi}^{\pi} dx$$

$$= 0 + \frac{1}{2} 2\pi = \pi \qquad （証明終り）$$

これらの定積分の結果を導くのに，あるいはオイラーの公式

$$\cos mx = \frac{e^{imx} + e^{-imx}}{2}, \quad \sin nx = \frac{e^{inx} - e^{-inx}}{2i}$$

と

$$\int_{-\pi}^{\pi} e^{ikx} dx = \begin{cases} 0 & k = \pm 1, \pm 2, \pm 3, \cdots \\ 2\pi & k = 0 \end{cases}$$

を用いて計算してみることも，よい練習問題になるかもしれない．

この定積分の結果は

$$\cos x, \ \cos 2x, \ \cos 3x, \ \cdots, \ \cos mx, \ \cdots \qquad (2)$$
$$\sin x, \ \sin 2x, \ \sin 3x, \ \cdots, \ \sin nx, \ \cdots \qquad (3)$$

の中から，勝手に2つ違うものを取り出してかけ合わせ $-\pi$ から π まで積分すると0になるという，一見不思議な事実を与えている．これが成り立つ理由は(1)でみるように，2つをかけ合わせたものが，cos（またはsin）の和として表わされ，積分範囲が1周期にわたっているからである．

グラフでは，系列(2)は，右へ進むにつれて $y = \cos x$ のグラフの周期が短くなり，しだいに振動数を増す波形になっている．(3)については，対応したことが，$y = \sin x$ のグラフでいえる．

上の定積分に現われた $\cos x, \cos 2x, \cdots$ や $\sin x, \sin 2x, \cdots$ はすべて 2π を周期とする周期関数である．すなわち，変数 x のかわりに

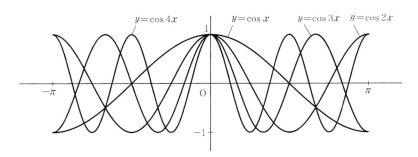

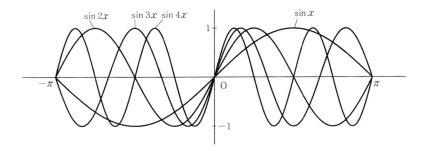

$x+2\pi$ とおいても，同じ値をとる：
$$\cos mx = \cos m(x+2\pi), \quad \sin nx = \sin n(x+2\pi)$$
$$(m, n = 1, 2, \cdots)$$

したがってこれらの関数のグラフを書くには，どこでもよいが長さ 2π をもつ区間におけるグラフを書いて，それを基本のパターンとして，あとは平行移動することによって，このパターンをつなげていくとよい．

一般に，すべての x に対し
$$\tilde{f}(x) = \tilde{f}(x+2\pi) \tag{4}$$
が成り立つ関数を，**周期 2π をもつ周期関数**という．私たちは以下で周期 2π をもつ周期関数を考えることとし，この場合長さ 2π をもつ区間として，区間 $[-\pi, \pi]$ に注目することにする．周期性(4)をもつ関数 $\tilde{f}(x)$ の挙動を調べるには，この区間における $\tilde{f}(x)$ の挙動を調べておけば十分である．

(4)で $x = -\pi$ とおいてみると
$$\tilde{f}(-\pi) = \tilde{f}(\pi) \tag{5}$$
が成り立つことがわかる．したがって私たちが周期関数を $[-\pi, \pi]$ に限って調べようとすると，区間の端点で条件(5)がつくことになる．逆に区間 $[-\pi, \pi]$ で定義された関数 $f(x)$ がこの条件(5)をみたしていれば，この関数を"基本パターン"として，2π ずつ平行移動していくことにより，周期関数 $\tilde{f}(x)$ が得られる．すなわち，$\tilde{f}(x)$ は区間 $[-\pi+2n\pi, \pi+2n\pi]$ で
$$\tilde{f}(x) = f(x - 2n\pi) \quad (n = 0, \pm 1, \pm 2, \cdots)$$
とおくことにより定義される関数である．

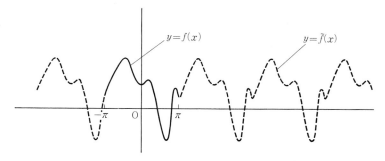

　私たちはこれから周期 2π をもつ周期関数を調べるとき，主に，考察する範囲を $[-\pi,\pi]$ に限っていくことにしよう．そうすると周期 2π をもつ連続な周期関数を調べることは，$C^0[-\pi,\pi]$ に含まれる関数で，条件(5)をみたすものを調べることになる．そこで，このような関数の集りを $\mathcal{C}^0[-\pi,\pi]$ と表わすことにしよう：

$\mathcal{C}^0[-\pi,\pi] = \{f \mid f$ は $[-\pi,\pi]$ で連続で $f(-\pi)=f(\pi)$ をみたす$\}$

　このように定義した $\mathcal{C}^0[-\pi,\pi]$ は $C^0[-\pi,\pi]$ の一部分なのだから，もちろん一様収束に関する距離

$$\|f-g\| = \operatorname*{Max}_{-\pi \leq x \leq \pi} |f(x)-g(x)|$$

を考えることができる．$\mathcal{C}^0[-\pi,\pi]$ はこの距離に関してコーシーの収束条件をみたし，完備な空間となっている．実際そのことは次のようにしてわかる．もし $f_n \in \mathcal{C}^0[-\pi,\pi]$ $(n=1,2,\cdots)$ が

$$\|f_m - f_n\| \longrightarrow 0 \quad (m,n \to \infty)$$

をみたしていれば，f_n は連続関数 f に一様収束するが，このとき

$$f_n(-\pi) \longrightarrow f(-\pi), \quad f_n(\pi) \longrightarrow f(\pi) \quad (n \to \infty)$$

が成り立っているから，$f(-\pi)=f(\pi)$ となる．したがって極限関数 f は，$f \in \mathcal{C}^0[-\pi,\pi]$ をみたしているのである．

三角多項式

　$\mathcal{C}^0[-\pi,\pi]$ が一様収束に関して完備な空間となっていることがわかると，こんどは，$\mathcal{C}^0[-\pi,\pi]$ の関数は，一体，私たちがよく知っている周期関数で，近似していくことができるのだろうかというこ

とが，問題意識として登場してくる．

♣ たとえば数直線は完備だが（コーシー列は収束する），ここでは任意の実数は，有限小数という私たちのよく知っている数で近似していくことができる．この近似を通して，実数の性質が解明されていったのである．

もっとも周期 2π をもつ周期関数といっても，私たちのよく知っているのは，今までも話してきた $\cos mx$, $\sin mx$ ($m=1, 2, \cdots$) である．したがってまた

$$A_0 + A_1 \cos x + B_1 \sin x + A_2 \cos 2x + B_2 \sin 2x + A_3 \cos 3x$$
$$+ B_3 \sin 3x + \cdots + A_n \cos nx + B_n \sin nx \quad (\#)$$

と表わされる関数もまた周期関数となる．ここで $A_0, A_1, \cdots, A_n$; $B_1, B_2, \cdots, B_n$ は定数である．

定義 (#)のように表わされる周期関数を**三角多項式**という．

読者はここで第 1 週，第 2 週の話では，整式からベキ級数へと移っていく過程が，基本的な流れをつくってきたことを思い浮かべられるかもしれない．こんどは整式にかわって新しく三角多項式が登場してきた．整式の場合には代数的なものが背景にあったが，三角多項式の主役は三角関数である．そこに代数的な影を認めることはもうむずかしいことになった．代数的な視点にかわって，私たちは区間 $[-\pi, \pi]$ 全体を一望の下に見渡すような視点に立つことになる．そこに見えてくるのは，しだいに細かい周期で規則的に波打っていく三角関数の系列——$\cos mx$, $\sin mx$ ($m=1, 2, \cdots$) と，そのグラフである．これらのグラフを音波にたとえれば，$\cos mx$, $\sin mx$ にそれぞれ定数 A_m, B_m をかけることは，節をかえずに振幅だけを調整することであり，それを加えて得られる三角多項式のグラフは，これらの基音を合成して得られる音を表わしていることになる．

私たちのふつうの音に対する知識からいえば，このような基音の合成によって，どんな音色の調べにも近づけていくことができるだ

ろうと想像する.

そのことを数学的に保証するのが次の定理である.

> **定理** どんな $f \in \mathcal{C}^0[-\pi,\pi]$ も,三角多項式によって,区間 $[-\pi,\pi]$ において一様に近似することができる.

すなわち,どんな小さい正数 ε をとっても,(#) の形をした適当な三角多項式 g があって

$$\|f-g\| < \varepsilon$$

が成り立つというのである.この定理を**フェイェールの定理**という.今日はこの定理の証明を与えることにするが,その前にフーリエ級数の定義を与えておくことにしよう.

♣ フェイェール(L. Fejér)はハンガリーの数学者である.彼はこの定理を 1904 年に発表したが,以後この定理は三角級数の理論における基礎的定理と考えられるようになった.

フーリエ級数の定義

$f(x) \in \mathcal{C}^0[-\pi,\pi]$ に対し

$$a_0 = \frac{1}{\pi}\int_{-\pi}^{\pi} f(x)dx \tag{6}$$

$$a_n = \frac{1}{\pi}\int_{-\pi}^{\pi} f(x)\cos nx\, dx \quad (n=1,2,\cdots) \tag{7}$$

$$b_n = \frac{1}{\pi}\int_{-\pi}^{\pi} f(x)\sin nx\, dx \quad (n=1,2,\cdots) \tag{8}$$

とおき,$a_0, a_n, b_n (n=1,2,\cdots)$ を $f(x)$ の**フーリエ係数**という.

> **定義** $f(x) \in \mathcal{C}^0[-\pi,\pi]$ のフーリエ係数 $a_0, a_n, b_n (n=1,2,\cdots)$ を用いてつくられる級数
> $$\frac{a_0}{2} + \sum_{n=1}^{\infty}(a_n\cos nx + b_n\sin nx)$$
> を,$f(x)$ の**フーリエ級数**という.

このフーリエ級数の定義は次のような考察に由来している．いま $f(x)\in\mathcal{C}^0[-\pi,\pi]$ が，三角多項式の次数 n を，$n\to\infty$ とした形で得られる級数として

$$f(x) = A_0 + A_1\cos x + B_1\sin x + A_2\cos 2x + B_2\sin 2x$$
$$+ A_3\cos 3x + B_3\sin 3x + \cdots \qquad (9)$$

として表わされたとしよう．この収束が一様収束かどうかなどという問題にはとくに触れずに，**まったく形式的に**右辺の級数に項別積分を適用してみると，この係数が $f(x)$ のフーリエ係数となっていることが判明するのである．

このことをみてみよう．

$$\int_{-\pi}^{\pi}\cos nx\,dx = \frac{1}{n}(\sin nx)\Big|_{-\pi}^{\pi} = 0$$
$$\int_{-\pi}^{\pi}\sin nx\,dx = \frac{1}{n}(-\cos nx)\Big|_{-\pi}^{\pi} = 0 \qquad (n=1,2,\cdots)\quad (10)$$

により，(9)を項別積分することにより

$$\int_{-\pi}^{\pi}f(x)dx = A_0\int_{-\pi}^{\pi}dx + \sum_{n=1}^{\infty}\left\{A_n\int_{-\pi}^{\pi}\cos nx\,dx + B_n\int_{-\pi}^{\pi}\sin nx\,dx\right\}$$
$$= 2\pi A_0$$

(6)と見くらべて

$$A_0 = \frac{1}{2}a_0$$

であることがわかる．

次に(9)の両辺に $\cos mx$ をかけて，項別積分することにより

$$\int_{-\pi}^{\pi}f(x)\cos mx\,dx = A_0\int_{-\pi}^{\pi}\cos mx\,dx + \sum_{n=1}^{\infty}\left\{A_n\int_{-\pi}^{\pi}\cos mx\cos nx\,dx\right.$$
$$\left.+ B_n\int_{-\pi}^{\pi}\cos mx\sin nx\,dx\right\}$$

となるが，定積分についての(1)と(10)を参照すると，右辺はただ1つの項を除いてすべて0となることがわかる．ただ1つの項とは

$$A_m\int_{-\pi}^{\pi}\cos mx\cos mx\,dx = \pi A_m$$

であり，したがって

$$\int_{-\pi}^{\pi} f(x)\cos mx\, dx = \pi A_m$$

となる．この式と(7)とを見くらべて

$$A_m = a_m \qquad (m = 1, 2, \cdots)$$

となることがわかる．

　同様にして，(9)の両辺に $\sin mx$ をかけて，項別積分し，その結果を(8)と見くらべると

$$B_m = b_m$$

となることがわかる．

　すなわち，フーリエ級数はまったく形式的に考えれば，$f(x)$ そのものではないとしても，なんらかの意味で $f(x)$ を表わしているといってもよいのかもしれない．ここで形式的という言い方を採用したが，これと似たような事情は微分の場合にも起きていたのである．すなわち，いま関数 $f(x)$ が整式の極限としてベキ級数

$$f(x) = a_0 + a_1 x + a_2 x^2 + \cdots + a_n x^n + \cdots$$

として表わされているとすれば，形式的に項別微分を繰り返して行なうことにより，

$$a_n = \frac{f^{(n)}(0)}{n!}$$

となり，したがって，$f(x)$ は形式的なこの計算により

$$f(x) = \sum_{n=0}^{\infty} \frac{f^{(n)}(0)}{n!} x^n$$

と表わされる，といえそうにみえる．しかし実際はこのように表わされる関数はむしろまれである．そのことを第2週で，私たちは詳しく学んできたのであった．

　私たちはいまベキ級数から三角級数へ移って同じような状況に遭遇している．こんどは逐次に項別微分をしていく代りに，$\cos mx$，$\sin mx$ をかけて項別積分することによって，(9)の係数がすぐに取り出せて決まってくる．しかし $f(x)$ のフーリエ級数が $f(x)$ を表わしている保証はまだないし，フーリエ級数が一様収束しているか

どうかもわからない．ただベキ級数の場合から類推すれば，このように形式的に得られたフーリエ級数も，ある"よい性質"をもつ関数に対しては，$f(x)$ を表わしているに違いない．この"よい性質"とは何か．またフーリエ級数の収束の状況をどのように捉えたらよいのか．この問題を追求することは，ある意味ではベキ級数の場合より，はるかに深く底知れない色合いをたたえており，それは実関数論とよばれる1つの数学の分野を形成していくことになったのである．

　ベキ級数と三角級数に対する決定的な違いは，ベキ級数は絶対収束する級数が問題であり，そこでは代数的な考察が無限演算として可能であったが，三角級数の場合は，$\cos nx$, $\sin nx$ が $n \to \infty$ のとき正負の間を激しく振動し，したがって三角級数が取り扱うのは，本質的にはむしろ条件収束する様相を示す級数であるということである．このような級数では，代数的な考察がほとんど不可能となり，級数の極限で起きる状況は，微妙で察知しがたいものとなってくるのである．

♣　なお，有界な積分可能な周期関数に対しても，積分を使って(6),(7),(8)と同じようにフーリエ係数を定義し，それを用いてフーリエ級数を定義することができる．以下でフーリエ級数というとき，このような場合も取り扱うことがある．

フェイェールの定理の証明――第1段階

　これからフェイェールの定理の証明を述べるが，証明を2段階にわけることにしよう．第1段階では次の三角関数の和の公式を使う．

$$\cos x + \cos 2x + \cdots + \cos(n-1)x = \frac{\sin\left(n-\frac{1}{2}\right)x - \sin\frac{x}{2}}{2\sin\frac{x}{2}} \tag{11}$$

ただし $x=0$ では左辺は $n-1$ となるが，それは右辺で $x \to 0$ とした極限値となっている．その意味でこの式は $x=0$ でも成り立ってい

る．この公式は，第2週，木曜日に問題として出してある．そこではオイラーの公式 $e^{ix}=\cos x+i\sin x$ の応用として求めているが，しかし結果がわかっていれば，加法定理から導かれる公式

$$2\cos\alpha\sin\beta = \sin(\alpha+\beta)-\sin(\alpha-\beta)$$

を用いて

$$2\sin\frac{x}{2}\{\cos x+\cos 2x+\cdots+\cos(n-1)x\}$$
$$=\left\{\sin\left(x+\frac{x}{2}\right)-\sin\left(x-\frac{x}{2}\right)\right\}+\left\{\sin\left(2x+\frac{x}{2}\right)-\sin\left(2x-\frac{x}{2}\right)\right\}$$
$$\cdots+\left\{\sin\left((n-1)x+\frac{x}{2}\right)-\sin\left((n-1)x-\frac{x}{2}\right)\right\}$$
$$=\sin\left(n-\frac{1}{2}\right)x-\sin\left(x-\frac{x}{2}\right) \quad (\{\ \}\text{の中の項は次々に打ち消し合う})$$

として証明する方がかんたんだろう．

フェイェールは，$f(x)$ のフーリエ級数の部分和として得られる三角多項式

$$s_n(x) = \frac{a_0}{2}+\sum_{k=1}^{n}(a_k\cos kx+b_k\sin kx)$$

から出発した．$a_0, a_k, b_k\ (k=1,2,\cdots,n)$ は，$f(x)$ のフーリエ級数で，それは(6), (7), (8)で与えられている．したがって

$$s_n(x)=\frac{1}{\pi}\int_{-\pi}^{\pi}f(t)\left\{\frac{1}{2}+\sum_{k=1}^{n-1}(\cos kt\cos kx+\sin kt\sin kx)\right\}dt$$
$$=\frac{1}{\pi}\int_{-\pi}^{\pi}f(t)\left\{\frac{1}{2}+\sum_{k=1}^{n-1}\cos k(t-x)\right\}dt$$

と表わされるが，$f(x), \cos x$ の周期性を用いて，さらにこの式は

$$s_n(x)=\frac{1}{\pi}\int_{-\pi}^{\pi}f(x+t)\left(\frac{1}{2}+\sum_{k=1}^{n-1}\cos kt\right)dt$$

と書き直される．

♣　一般に $\varphi(x)$ が周期 2π の周期関数とすると，長さ 2π のどの区間をとっても，グラフは同じ波形をしているから，$[-\pi,\pi]$ の代りに，x をとめて区間 $[-\pi-x, \pi-x]$ を考えても

$$\int_{-\pi}^{\pi} \varphi(t)dt = \int_{-\pi-x}^{\pi-x} \varphi(t)dt$$

となる．ここで右辺の積分変数を t から $x+t$ におきかえると

$$\int_{-\pi}^{\pi} \varphi(t)dt = \int_{-\pi}^{\pi} \varphi(x+t)dt$$

となる．

ここで右辺の積分記号の中にある $\sum$ に，公式(11)を用いると

$$s_n(x) = \frac{1}{\pi}\int_{-\pi}^{\pi} f(x+t)\left\{\frac{1}{2} + \frac{\sin\left(n-\frac{1}{2}\right)t - \sin\frac{t}{2}}{2\sin\frac{t}{2}}\right\}dt$$

$$= \frac{1}{2\pi}\int_{-\pi}^{\pi} f(x+t)\frac{\sin\left(n-\frac{1}{2}\right)t}{\sin\frac{t}{2}}dt$$

となる．この積分記号の中に現われた sin の式をさらにもう一度書き直すことを試みよう：

$$\frac{\sin\left(n-\frac{1}{2}\right)t}{\sin\frac{t}{2}} = \frac{\sin\left(n-\frac{1}{2}\right)t\cdot\sin\frac{t}{2}}{\sin^2\frac{t}{2}} = \frac{\cos(n-1)t - \cos nt}{1-\cos t}$$

♣ ここで分子の変形には

$$\sin\alpha\sin\beta = \frac{1}{2}\{\cos(\alpha-\beta) - \cos(\alpha+\beta)\}$$

分母の変形には 2 倍角の公式

$$2\sin^2\alpha = 1-\cos 2\alpha$$

を用いている．

したがって結局

$$s_n(x) = \frac{1}{2\pi}\int_{-\pi}^{\pi} f(x+t)\frac{1}{1-\cos t}\{\cos(n-1)t - \cos nt\}dt$$

(12)

が得られた．

フェイェールの定理の証明——第2段階

フェイェールの着想は，フーリエ級数の部分和 $s_n(x)$ そのものではなくて，$s_n(x)$ の算術平均から得られる三角多項式

$$S_n(x) = \frac{1}{n}\{s_1(x)+s_2(x)+\cdots+s_n(x)\}$$

に注目したところにある．

実際，＋（プラス）と －（マイナス）が交互に現われて収束しないもっとも典型的な級数

$$1-1+1-1+1-1+\cdots$$

も，部分和の算術平均をとっていくと

$$s_1 = 1, \ s_2 = 0, \ s_3 = 1, \ s_4 = 0, \ \cdots$$

により

$$s_1 = 1, \ \frac{1}{2}(s_1+s_2) = \frac{1}{2}, \ \frac{1}{3}(s_1+s_2+s_3) = \frac{2}{3}, \ \cdots$$

$$\cdots, \ \frac{1}{n}(s_1+s_2+\cdots+s_n) = \begin{cases} \dfrac{1}{2} : n \text{ が偶数} \\ \dfrac{k+1}{2k+1} : n \text{ が奇数で } n=2k+1 \end{cases}$$

となる．したがって $n\to\infty$ とすると，この数列は $\frac{1}{2}$ に収束する．このことは，三角級数のように各点ごとに正と負が複雑に絡み合って現われる級数に対しても，部分和の算術平均をとるならば，その複雑さの度合は，かなり軽減されて扱いやすくなるかもしれない．フェイェールはその推測は正しいことを示したのである．

$S_n(x)$ の定義にしたがえば

$$S_1(x) = \frac{1}{2}a_0, \quad S_2(x) = \frac{1}{2}(a_0+a_1\cos x+b_1\sin x),$$

$$S_3(x) = \frac{1}{3}\left(\frac{3}{2}a_0+2a_1\cos x+2b_1\sin x+a_2\cos 2x+b_2\sin 2x\right)$$

であり，一般に $S_n(x)$ は三角多項式となるが，$S_n(x)$ は(12)を使うと次のように表わされる：

$$S_n(x) = \frac{1}{2\pi}\int_{-\pi}^{\pi} f(x+t)\frac{1}{n}\frac{1-\cos nt}{1-\cos t}dt$$

（ここで，$s_1(x)+s_2(x)+\cdots+s_n(x)$ を求めるとき，(12)の式を使うと，積分の中の { } に現われる式が互いに打ち消し合うことに注意.） $\cos$ の2倍角の公式により，この積分記号の中の $\cos$ の式は

$$\frac{1-\cos nt}{1-\cos t} = \left(\frac{\sin\frac{nt}{2}}{\sin\frac{t}{2}}\right)^2$$

となる．したがって結局

$$K_n(t) = \frac{1}{2\pi n}\left(\frac{\sin\frac{nt}{2}}{\sin\frac{t}{2}}\right)^2 \tag{13}$$

とおくと

$$S_n(x) = \int_{-\pi}^{\pi} f(x+t)K_n(t)dt \tag{14}$$

と表わされることになった．

♣ 出発点となった公式(11)へもどってみると，$t=0$ のとき $K_n(0)$ は $\lim_{t\to 0} K_n(t)$ で与えられていることがわかる．したがって $K_n(0) = \frac{n}{2\pi}$ である．

この $K_n(t)$ は，次のような特徴的な性質をもっている．
（i） $K_n(t) \geqq 0$
（ii） $\int_{-\pi}^{\pi} K_n(t) dt = 1$
（iii） どんな小さい正数 δ をとっても，$[-\delta, \delta]$ の外で $n\to\infty$ のとき，$K_n(t)$ は一様に0に近づく．

実際(i)は明らかである．

(ii)の証明：定数関数 $f(x)=1$ のとき，フーリエ係数は $a_0=2$, $a_n=b_n=0$ ($n=1, 2, \cdots$) であり，したがって $S_n(x)=1$ となる．とくにこの場合に(14)の式を適用すると

$$1 = \int_{-\pi}^{\pi} K_n(t) dt$$

が得られる．

(iii)の証明：正数δを1つとめて，$[-\delta,\delta]$の外にあるtをとると，$-\pi\leqq t\leqq\pi$に注意して(13)から

$$K_n(t) \leqq \frac{1}{2\pi n}\left(\frac{1}{\sin\frac{t}{2}}\right)^2 \leqq \frac{1}{2\pi n}\left(\frac{1}{\sin\frac{\delta}{2}}\right)^2 = \frac{1}{2\pi n}\times(\text{定数})$$

したがって$n\to\infty$のとき，一様に$K_n(t)\to 0$となる．

(i), (ii), (iii)の性質は，グラフで見た方が印象が鮮明だろう．

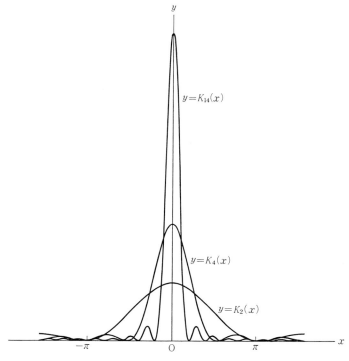

$S_n(x)$は三角多項式である．私たちは，$n\to\infty$のとき，$S_n(x)$は一様に$f(x)$に収束することを示すことによって，フェイェールの定理を証明することにしよう．

$f(x)$は，閉区間$[-\pi,\pi]$で定義された連続関数とみることができるから，有界であって，また一様連続である．したがって，適当な正数Mをとると

$$|f(x)| \leqq M \qquad (15)$$

が成り立ち，またどんな小さい正数 ε をとっても，正数 δ を適当にとると，

$$|x-x'|<\delta \quad \text{ならば} \quad |f(x)-f(x')|<\varepsilon \qquad (16)$$

がつねに成り立つ．

いま，ε を十分小さくとり，それに対し (16) が成り立つような δ をとっておく．(iii) により，番号 N を十分大きくとると，

$$n \geqq N \text{ のとき } [-\delta, \delta] \text{ の外で } K_n(t) < \frac{1}{2M}\varepsilon \qquad (17)$$

が成り立つようにできる．

(ii) により

$$f(x) = \int_{-\pi}^{\pi} f(x) K_n(t) dt$$

と表わされることに注意すると，(14) から

$$S_n(x) - f(x) = \int_{-\pi}^{\pi} \{f(x+t) - f(x)\} K_n(t) dt \qquad (18)$$

となる．右辺の積分を

$$\int_{-\pi}^{\pi} = \int_{-\pi}^{-\delta} + \int_{-\delta}^{\delta} + \int_{\delta}^{\pi}$$

と 3 つの部分にわける．$\int_{-\delta}^{\delta}$ については，

$$\left| \int_{-\delta}^{\delta} \{f(x+t) - f(x)\} K_n(t) dt \right| \leqq \int_{-\delta}^{\delta} |f(x+t) - f(x)| K_n(t) dt$$

$$< \varepsilon \int_{-\delta}^{\delta} K_n(t) dt < \varepsilon \qquad ((16) \text{と} (\text{ii}) \text{による})$$

$\int_{-\pi}^{-\delta} + \int_{\delta}^{\pi}$ については，(17) と (18) により $n \geqq N$ のとき

$$\left| \int_{-\pi}^{-\delta} + \int_{\delta}^{\pi} \right| < \int_{-\pi}^{-\delta} (|f(x)| + |f(x+t)|) \cdot \frac{\varepsilon}{2M} dt + \int_{\delta}^{\pi} '' \, dt$$

$$< 2M \cdot \frac{\varepsilon}{2M} \left(\int_{-\pi}^{-\delta} 1 \, dt + \int_{\delta}^{\pi} 1 \, dt \right) \qquad ((15) \text{による})$$

$$< 2\pi\varepsilon$$

したがって $n \geqq N$ のとき，すべての x に対し

$$|S_n(x) - f(x)| < \varepsilon + 2\pi\varepsilon = (1 + 2\pi)\varepsilon$$

が成り立つことがわかった．ε はどんなに小さくとってもよいのだから，これで

$$S_n(x) \longrightarrow f(x) \quad （一様収束）$$

が示され，フェイェールの定理は証明された．

♣ なお，$f(x)$ が数直線上で定義された周期 2π をもつ連続関数ならば，周期性によって，フェイェールの定理は数直線上全体で成り立つ定理として述べることができる．すなわち，このような連続関数は，数直線上で一様に三角多項式によって近似されるのである．

歴史の潮騒

18世紀における解析学の発展は著しいものがあり，その豊かな成果は，1797年に出版されたラグランジュの『解析関数の理論』や，1799年から20年以上もかかって書かれた5巻にわたるラプラスの大著『天体力学』の中に集大成されている．しかし，ベルヌーイ，オイラー，ダランベール，ラプラス，ラグランジュなどにより精力的に進められてきた解析学の前途に対し，1780年代あたりから，あるかげりが感じられてきたようである．ラグランジュのダランベールにあてた手紙によれば「数学の鉱山はあまりにも深く掘り進められてしまったので，誰かが新しい鉱脈を発見しなければ，遅かれ早かれ，この鉱山は見捨てられる運命となるでしょう」という深刻な懸念が生じてきたのである．それは，ひとつにはニュートン力学に対する解析学の適用に，方法上のある限界を感じはじめたことに由来している．また力学自身が，"無限小解析"の適用から，ラグランジュの仮想仕事の原理の考えの導入により，力学の原理として平衡状態の意味を問うような流れにあった．しかしこの新しい原理の方向も，まだ見定めきれなかった．

しかし，18世紀末に到来したこのような解析学に対する将来への不安は，19世紀になると空が晴れ上るように払拭されてしまった．予期しなかった新しい2つの鉱脈が発見されたのである．

1つは，ガウスの複素数導入に続く，コーシーの複素関数論の成

立であり，他の1つはフーリエによるフーリエ級数，さらにフーリエ変換の導入であった．そしてこれらの新しい解析学の誕生を契機として，解析学の厳密な基礎づけへと数学者の努力が向けられるようになった．フーリエの仕事は，数学的な面でいえば，やがてリーマン，ルベーグ等の寄与によって実関数論あるいは調和解析とよばれる大きな分野へと育てられ，20世紀数学へと継承されてきた．しかし現代の立場からフーリエ自身の意図をよみとっていえば，それまでのニュートン力学の枠を取り外し，熱伝導の数学的理論を通して，数学の自然科学への適用範囲を広く数理科学へと広めるようになった点に，より重みをおいて評価した方がよいのかもしれない．

ここではフーリエの波瀾にみちた一生をかんたんに記し，フーリエが生きて，かいくぐっていかなければならなかったフランス大革命前後の歴史の波がこの偉大な数学者の生にとってどのようなものであったかを感じとってもらうことにしよう．

フーリエは1768年3月21日に，フランス中部にあるオーセルで，たくさんの子持ちの仕立屋の子(19番目の子だが，それでもまだ末子ではなかった)として生まれたが，9歳になる前に両親を失い孤児となってしまった．地方軍人学校で教育を受け，そこで数学に興味をもつようになった．そのあとある理由から，1787年にサンベノワ・シュル・ロワーヌのベネディクト派の学校に修練士として入ったが，すでにそれ以前から調べていた方程式の解の個数についての研究もしていた．ここで得られた方程式の理論は1789年にフランス科学アカデミーに送られ，ルジャンドルとモンジュが評価することになったが，この年，フランス大革命がおこり，このことは結局うやむやになってしまった．しかし革命は，フーリエに修練士であることをやめさせ，再び故郷オーセルへもどし，そこで数学だけでなく哲学，歴史を教える教師となるように，彼の人生を変えることになった．フーリエはその頃から，政治に向けての活動もはじめた．フーリエはジャコバン・クラブの地方部会の一員となったが，暴政の犠牲者たちを守ろうとして，投獄され，あやうくギロチンにかけられるところであった．1794年6月ロベスピエールが処刑さ

れ，フーリエは釈放され，オーセルの教師に復帰した．

　1795年，エコール・ノルマールが開校し，フーリエは地方から選ばれてここに入学し，ラグランジュやラプラスやモンジュの講義を聞いた．しかしエコール・ノルマールはすぐに閉校となり，フーリエは1794年11月に開校されたばかりのエコール・ポリテクニクへと移った．そしてそこでモンジュの助講師となり，講義も受け持つようになった．1798年に彼は以前から考えていた方程式の実解の個数に関するデカルトの符号法則を一般理論として完成させ，『Journal de l'Ecole Polytechnique』に発表した．この結果は当時パリでは評判となった．この理論を複素解に対しても広げようという研究プランをもっていたが，そのプランはまったく予想しなかった出来事で断たれてしまった．歴史の波がフーリエの上に大きくおおいかぶさってきたのである．

　それは1798年4月にナポレオンにエジプト遠征の責務が下り，それに随行する科学者のメンバーとして，モンジュとベルトレがフーリエを推挙したことによっている．翌年8月にカイロにエジプト研究所(Institut d'Egypte)が創立され，フーリエはその終身幹事となった．外交的には困難な状況にあったが，フーリエはエジプトについての該博な知識でこの研究所の運営にあたり，彼自身エジプトについての研究成果をレポートとして発表している．

　しかしこのエジプトに関する研究もまた中断されてしまった．フランス軍はイギリスとの協定でエジプトから引き揚げることになり，フーリエは1801年11月フランスへもどってきた．フーリエ自身はエコール・ポリテクニクに復帰することを望んだが，きわ立った外交の才を示したフーリエをナポレオンが見逃すはずはなかったのである．ナポレオンは，1802年2月に，フーリエをフランス南部のイタリーに接するイゼールの県知事に任命した．この県の中心はグルノーブルである．ここでも彼はすぐれた政治力を発揮し，また福祉にも力を注いだ．1世紀以上も懸案となっていた広汎な沼地の干拓事業についても，フーリエ自身が一軒，一軒農家と個別に交渉するようなことまで引きうけて，ついに1807年8月にこの事業を行

なうことの妥結をみたのである．フーリエは単に才能だけではなく，何か天賦の溢れるばかりの人間としての豊かさをもっていたのだろう．

　それでもフーリエは，県知事の職を辞し，研究生活へもどりたいと望んでいた．モンジュとベルトレがナポレオンに彼の希望がかなえられるよう進言したが，ナポレオンは困惑を示すだけであった．フーリエは結局この職に止まり，一方では彼が足を運んだ上エジプトの調査結果やエジプトの歴史についての報告をまとめる仕事に着手していた．しかし驚くべきことに，さらにフーリエは数学の研究もしており，実際この時期熱伝導の数学的理論の研究をはじめることになったのである．この研究をはじめる動機については，フーリエは何も書き残していない．未解決の大問題に対する関心だったのではなかろうか．

　フーリエは1807年に，フランス科学アカデミーに熱伝導の研究についての論文を送ったが，この論文の審査には，モンジュ，ラグランジュ，ラプラス，ラクロアが当ることになった．しかしラグランジュからは，この論文の中で用いられた三角級数の収束について，かなり強い異論が出されていた．1811年に，フランス科学アカデミーから"熱伝導の法則の数学的理論を示し，その理論の実験結果との比較を求む"という問題が提出され，フーリエはこれに応募し，賞を獲得した．なお，フーリエが有名な『熱の解析的理論』を出版したのは，1822年のことである．

　1808年から1809年にかけて，フーリエは"Description de l'Egypte"とよばれているエジプト学の総まとめを行なった．この時期フーリエはシャンポリオンとも交流を深めていたが，フーリエのエジプトに関する学識は最高のレベルにまで到達していた．この編集作業の際，フーリエはパリに滞在したが，この時，ラプラスと親しく知り合うようになった．1808年，ナポレオンは彼を男爵とした．その後も地方行政と数学研究の多忙の日々を送っていたが，1814年ナポレオン失脚後，政治的な苦境に立たされることになった．やがて，百日天下の間の体制の強圧に反対し，職を辞した．

そのあと，パリの統計局の幹事に就職口を見つけ，それからは数学の研究に全精力を注ぐようになり，1822年には，科学者としてもっとも名誉ある地位と見なされていたフランス科学アカデミーの終身幹事となった．フランス科学アカデミーは，革命後30年の間に，数理科学の研究分野で世界のリーダーシップをとるようになっていた．

フーリエは，エジプト滞在中にマラリヤにかかったようであり，その後遺症としてかなり若いときからリューマチの症状に見舞われていたが，晩年の数年間それは悪化し，甲状腺肉腫のような病状をひきおこして，1830年5月4日，63歳でこの世を去った．この多彩な人生を送った天才の墓は，パリ郊外に，彼の最愛の恩師であったモンジュの墓のかたわらに小さく静かにおかれている．

先生との対話

皆は，フーリエのたどった人生のことを思いやり，以前歴史で習ったフランス大革命のことが急に身近に感じられてきた．先生がつけ加えるように

「革命の嵐の中でフーリエが生き抜いたことは奇蹟のように思えます．田舎町の仕立屋の子供が，34歳の若さで知事になり，数学史上，不朽の仕事を成就したのは，歴史におけるひとつの時代を象徴しているともいえますが，その生涯をみると何か大きな摂理がそこに働いて，フーリエの仕事を成就させたのではないかという想いが湧いてきます．」

といわれた．教室の中には，歴史の光に照らされているフーリエを眼の前に見ているような独特な空気が漂った．先生が今日これで教室を閉じようかと思ったとき，山田君が質問に立った．

「フェイェールは，フーリエより少しあとの人なのですか．」

「いいえ，フェイェールは1880年から1959年までを生きた数学者ですからフーリエよりずっとあとになります．フーリエ級数の収束性の問題は，19世紀の数学者の強い関心をひくようになったの

ですが，1870年代に一般には連続関数のフーリエ級数は収束しないことがわかりました．そのためフーリエ級数の収束を判定する問題は重要な問題となって20世紀の数学へと引き継がれたのです．フェイエールは，フーリエ級数そのものから少し離れた所に視線を移し，部分和の算術平均をとれば，それは必ずもとの連続関数に収束することを示したのですね．その結果を巧みな計算で示したのですが，この着想には光が差しこむような輝きがあります．」

先生が話し終えられてから，かず子さんが前のノートを見直しながら質問した．

「フェイエールの定理の証明で，式を変形して $K_n(t)$ という関数をつくり

$$S_n(x) = \int_{-\pi}^{\pi} f(x+t) K_n(t) dt$$

という関係式を導きましたが，私には $K_n(t)$ のグラフの形が印象的でした．でもこのように y 軸に向かってどこまでも高く細くなっていき，しかもこのグラフのつくる面積が1であるような関数は，昨日の"お茶の時間"にも台地型の C^∞-関数 $\tilde{\varPhi}_n(x)$ として登場していました．そこでのお話では，$n \to \infty$ のとき一様に

$$\int_{-1}^{1} f(t) \tilde{\varPhi}_n(x-t) dt \longrightarrow f(x)$$

が成り立つということでしたが，これも $S_n(x) \to f(x)$ と同じように証明されるのでしょうか．」

先生はこのことを，どこかで一言注意しようと思っておられたので，すぐに答えられた．

「そうです．$f(x), \tilde{\varPhi}_n(x)$ はともに $[-1, 1]$ の外では0ですから，$x-t=s$ として変数を t から s に変えると，かず子さんの書いた積分は

$$\int_{-1}^{1} f(x-s) \tilde{\varPhi}_n(s) ds$$

と書き直されます．そうすると，フェイエールのときと同じ考えで，この積分が $f(x)$ に一様収束することが証明されます．」

問 題

[1] $f \in \mathcal{C}^0[-\pi, \pi]$ とする．フェイェールの定理で

(1) f が偶関数 ($f(x)=f(-x)$) ならば，f を近似する三角多項式として，$\cos$ だけからなる三角多項式が選べることを示しなさい．

(2) f が奇関数 ($f(x)=-f(-x)$) ならば，f を近似する三角多項式として，$\sin$ だけからなる三角多項式が選べることを示しなさい．

[2] (1) $\cos$ の2倍角の公式 $\cos 2x = 2\cos^2 x - 1$ をもう少し先に進めて，3倍角，4倍角の公式をつくると

$$\cos 3x = 4\cos^3 x - 3\cos x, \quad \cos 4x = 8\cos^4 x - 8\cos^2 x + 1$$

となることを示しなさい．

(2) (1)で得られた右辺の結果を見て

$$T_2(t) = 2t^2 - 1, \quad T_3(t) = 4t^3 - 3t, \quad T_4(t) = 8t^4 - 8t^2 + 1$$

とおくと，$n=2, 3, 4$ に対して

$$\cos n\theta = T_n(\cos\theta)$$

が成り立つことを示しなさい．

(3) 一般の n に対しても，ある n 次の多項式 $T_n(t)$ があって

$$\cos n\theta = T_n$$

と表わされることを，n についての帰納法を用いて示しなさい．

(ヒント：$\cos n\theta = \cos((n-1)\theta + \theta) + \cos((n-1)\theta - \theta) - \cos(n-2)\theta$
を用いる．)

(4) (3)の多項式 $T_n(t)$ の最高次の係数は 2^{n-1} であって，関係式

$$T_n(t) = 2t T_{n-1}(t) - T_{n-2}(t)$$

が成り立つことを示しなさい．

(注：$T_n(t)$ ($t=1, 2, \cdots$) をチェビシェフの多項式という．)

[3] "区間 $[0,1]$ で定義された連続関数 $f(x)$ は，多項式で一様に近似することができる"という定理を，ワイエルシュトラスの多項式近似定理という．この定理を次の順序にしたがって示しなさい．

(1) $g(t)=f(\cos t)$ とおくと，g は偶関数で，$g \in \mathcal{C}^0[-\pi, \pi]$ となる．

(2) どんな小さい正数 ε をとっても，問題 [1] により，$g(t)$ は $\cos$ の三角多項式によって，次のように一様に近似することができる．

$$\left| g(t) - \sum_{k=0}^{n} A_k \cos kt \right| < \varepsilon$$

ここで問題[2]から $\cos kt = T_k(\cos t)$ と表わされることに注意し，$x = \cos t$ とおくことにより，定理を導くことを試みる．

お茶の時間

質問 三角関数についてぼくがまず思い浮かべるのは $y = \sin x$ のグラフです．このグラフは規則正しい波を繰り返しながら広がっていきます．この波のことを考えていると，三角多項式へと移ると，なぜこの規則性が失われてきて，どんな連続関数も三角多項式で近似されてくるのかという状況がわからなくなってきました．実際連続関数のグラフには，波の形とは全然無関係な不規則な形をしたものが多くあると思いますが．

答 その理由は，自然数 n をしだいに大きくとっていくと，$y = \sin nx$, $y = \cos nx$ のグラフは周期 $\dfrac{\pi}{2n}$ の激しい振動を繰り返す波となることにある．$n \to \infty$ とするとこの波は，アコーディオン・ドアを閉めていくように，波の間隔がせばまって 0 に近づいていく．これらの波——$\sin nx$, $\cos nx$——に係数をかけて振幅を調整し加え合わせていくと，波は合成されて規則性をしだいに失い，究極的にはどんな連続関数のグラフにも，近づいていくことができるようになるのである．

そうはいっても，このことはなかなか実感として捉えにくいだろう．そのためここでは

$$y = \sin x + \sin 2!\, x + \sin 3!\, x + \sin 4!\, x + \sin 5!\, x + \sin 6!\, x$$

のグラフを次頁に書いてみた．

$\sin x$ の周期は 2π，$\sin 2!\, x$ の周期は π，…，$\sin 6!\, x$ の周期は $\dfrac{2\pi}{720}$ である．このグラフを $-2\pi \leqq x \leqq 2\pi$ で描いてみると，まるで地震波を見ているようである．ところが，このグラフを観察する区間を少しずつせばめていってみると，この不規則なグラフの中から，しだいに規則正しい波形が浮かび上がってくるのがわかるだろう．

木曜日 三角多項式 109

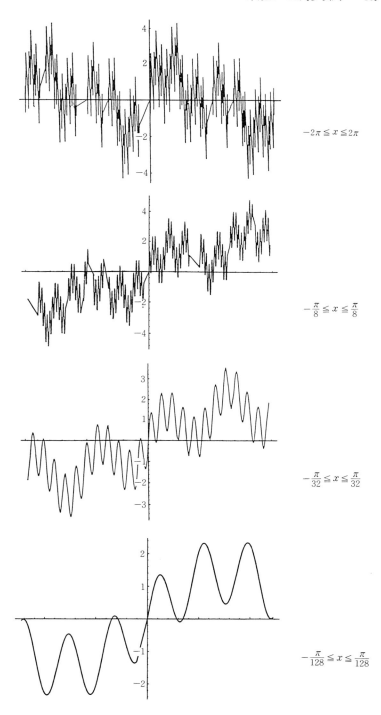

$-2\pi \leqq x \leqq 2\pi$

$-\dfrac{\pi}{8} \leqq x \leqq \dfrac{\pi}{8}$

$-\dfrac{\pi}{32} \leqq x \leqq \dfrac{\pi}{32}$

$-\dfrac{\pi}{128} \leqq x \leqq \dfrac{\pi}{128}$

それはこうすることによって，しだいに $y=\sin x$ や $y=\sin 2!x$ の示す大きなうねりをもつ波の影響が消されてきて，$y=\sin 5!x$ や $y=\sin 6!x$ などの細かな振動を繰り返す波が取り出され——それが最初のグラフを不規則なものにみせていた元凶であったが——，その規則的な姿を示しはじめたからである．

だが，このように区間 $\left[-\dfrac{\pi}{128}, \dfrac{\pi}{128}\right]$ でグラフが規則性を私たちの前に見せるようになったのは，もともとの関数が，波の合成を $\sin 6!x$ までで振動の細かい波を打ち切ったからである．もし同じような関数でさらに $\sin 7!x$，$\sin 8!x$ と合成を続けていけば，グラフはますます不規則な連続関数のグラフを描き，その波の分析には，さらに小さな区間にまで観察の手を広げていかなくてはならなくなるだろう．

では無限にこのように波を合成していったらどうなるか，と誰でも考えてみたくなる．そのため，収束するように振幅を調整して

$$\varphi(x) = \sum_{n=1}^{\infty} \frac{1}{n!} \sin n!x$$

という関数を考えてみる．そうするとこの関数自体は非常に複雑なグラフを描くことになるが，1870年代ダルブーはこの関数をさらに少し変更して

$$\tilde{\varphi}(x) = \sum_{n=1}^{\infty} \frac{\sin[(n+1)x]}{n!} \quad (\text{[ ]はガウス記号})$$

とおくと，$\tilde{\varphi}(x)$ は各点で微分できない連続関数となっていることを示した（火曜日 "お茶の時間" 参照）．

このように，sin, cos という関数は，その中に隠された恐るべき表現力を内蔵しているが，そのことは確かに君のいうように，$y=\sin x$ や $y=\cos x$ のグラフを眺めているだけでは察知できないものがある．

金曜日

フーリエ級数

先生の話

　昨日はフーリエ級数そのものより,そこから導かれる三角多項式の方をフェイェールの定理を中心として話してきました.しかし,数学としての主題はもちろんフーリエ級数の方にあります.昨日も触れましたが,連続関数のフーリエ級数をつくっても,収束しないものもあります.だが,そのことを強調することは少し専門家としての立場に偏りすぎているのかもしれません.なぜかというとフーリエ級数が収束しないような連続関数は,やはりある意味では特殊だからです.私たちがふつう使うよく知っているような関数は,すべてフーリエ級数として表わされます.したがってこのような関数のグラフは,基本的にはフーリエ級数を通して,波形の分析という立場で捉えることができるようになるのです.いま $f(x)$ が一様に収束するフーリエ級数によって

$$f(x) = \frac{1}{2}a_0 + \sum_{n=1}^{\infty} a_n \cos nx + \sum_{n=1}^{\infty} b_n \sin nx$$

と表わされたとしましょう.このことは $f(x)$ が周期が $\frac{2\pi}{n}$ である波 $a_n \cos nx$,$b_n \sin nx$ の合成として近似され,究極的には $f(x)$ 自身が限りなく細かな振動を繰り返す波の合成として表わされることを意味します.$f(x)$ の性質は,理論的には振動数 n($=0,1,2,\cdots$)の波形の分析に帰着されてくるでしょう.そしてこの振動数 n の波は余弦波 $\cos nx$,正弦波 $\sin nx$ によって得られていますが,この振幅は

$$a_n = \frac{1}{\pi}\int_{-\pi}^{\pi} f(x)\cos nx\, dx \quad (n=1,2,\cdots)$$

$$b_n = \frac{1}{\pi}\int_{-\pi}^{\pi} f(x)\sin nx\, dx \quad (n=1,2,\cdots)$$

として,$f(x)$ から直接求められるのです.

　私たちは今日は関数をフーリエ級数として表わす問題に焦点を絞って話を進めていくことにします.

三角関数の直交性

いま三角関数の系列を少し調整して

$$\varphi_0(x) = \frac{1}{\sqrt{2\pi}}, \quad \varphi_1(x) = \frac{1}{\sqrt{\pi}}\cos x, \quad \varphi_2(x) = \frac{1}{\sqrt{\pi}}\sin x,$$

$$\varphi_3(x) = \frac{1}{\sqrt{\pi}}\cos 2x, \quad \varphi_4(x) = \frac{1}{\sqrt{\pi}}\sin 2x, \quad \cdots \qquad (1)$$

とおく．一般に $n \geqq 1$ のとき

$$\varphi_{2n-1}(x) = \frac{1}{\sqrt{\pi}}\cos nx, \quad \varphi_{2n}(x) = \frac{1}{\sqrt{\pi}}\sin nx$$

とおくのである．そうすると昨日の定積分の結果(1)と(10)は，まとめて

$$i \neq j \text{ のとき} \quad \int_{-\pi}^{\pi} \varphi_i(x)\varphi_j(x)dx = 0 \qquad (2)$$

と表わすことができるだろう．このことを少し唐突な言い方だが，関数の集り

$$\{\varphi_0(x), \varphi_1(x), \varphi_2(x), \cdots, \varphi_{2n-1}(x), \varphi_{2n}(x), \cdots\}$$

は互いに**直交している**，あるいは $\mathscr{C}^0[-\pi, \pi]$ の中で**直交系をつく**っているという．

♣ "直交する"という言い方は，次のようなことに根ざしている．平面上の2つのベクトル (x_1, x_2), (y_1, y_2) が直交する条件は $\sum_{k=1}^{2} x_k y_k = x_1 y_1 + x_2 y_2 = 0$ で与えられる．また空間にある3つのベクトル (x_1, x_2, x_3), (y_1, y_2, y_3) が直交する条件は $\sum_{k=1}^{3} x_k y_k = x_1 y_1 + x_2 y_2 + x_3 y_3 = 0$ で与えられる（第4週，水曜日参照）．

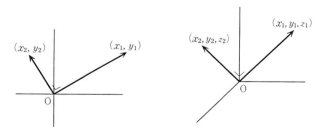

ところで(2)は，積分の定義にもどると

$$\lim_{n\to\infty} \frac{2\pi}{n} \sum_{k=1}^{n} \varphi_i\left(-\pi+\frac{2\pi}{n}k\right)\varphi_j\left(-\pi+\frac{2\pi}{n}k\right) = 0$$

と表わされる．この $\sum$ の式は上のアナロジーをたどると n 次元空間における 2 つのベクトル

$$\left(\varphi_i\left(-\pi+\frac{2\pi}{n}\right),\ \varphi_i\left(-\pi+\frac{2\pi}{n}\cdot 2\right),\ \cdots,\ \varphi_i\left(-\pi+\frac{2\pi}{n}\cdot n\right)\right)$$

$$\left(\varphi_j\left(-\pi+\frac{2\pi}{n}\right),\ \varphi_j\left(-\pi+\frac{2\pi}{n}\cdot 2\right),\ \cdots,\ \varphi_j\left(-\pi+\frac{2\pi}{n}\cdot n\right)\right)$$

が $n\to\infty$ の極根において，直交している状況を示しているとみることができるだろう．

もっとも $\varphi_0(x), \varphi_1(x), \varphi_2(x), \cdots$ は，単に定数関数 1 と $\cos nx$, $\sin nx$ を並べただけでなく，それらに $\frac{1}{\sqrt{2\pi}}$，または $\frac{1}{\sqrt{\pi}}$ をかけている．このようにした理由は

$$\int_{-\pi}^{\pi} \varphi_i(x)^2 dx = 1 \tag{3}$$

が $i = 0, 1, 2, \cdots$ に対してつねに成り立つようにするためである．実際，φ_0 に対して(3)が成り立つことは明らかであり，$n \geqq 1$ のときは昨日の(1)を参照するとわかる．

関数の内積

区間 $[-\pi, \pi]$ で定義された連続な関数 $f(x)$ に対して，積分値

$$\int_{-\pi}^{\pi} f(x) dx$$

は，$f(x)$ の $-\pi$ から π にわたる平均的挙動を示す 1 つの量を与えている．私たちは 1 つの連続関数だけではなく，2 つの連続関数 $f(x), g(x)$ に対しても，その相互の関係を，積分を用いて平均的な量として捉えることを試みたい．それは積分の新しい働き方であるといってもよいだろう．そのために，f, g に対し

$$(f,g) = \int_{-\pi}^{\pi} f(x)g(x)dx$$

という量を導入することにする．

> **定義** (f,g) を f と g の**内積**という．また
> $$\|f\|_2 = \sqrt{(f,f)}$$
> を f の L^2-**ノルム**という．

f の L^2-ノルムはしたがって

$$\|f\|_2 = \sqrt{\int_{-\pi}^{\pi} f(x)^2 dx}$$

と定義されていることになる．

内積についての基本的な性質は次の3つである．

> （ⅰ）実数 α, β に対し
> $$(\alpha f + \beta g, h) = \alpha(f,h) + \beta(g,h)$$
> （ⅱ）$(f,g) = (g,f)$
> （ⅲ）$(f,f) \geqq 0$；ここで等号が成り立つのは $f=0$ のときに限る．

［証明］（ⅰ）

$$\begin{aligned}(\alpha f+\beta g,h) &= \int_{-\pi}^{\pi}\{\alpha f(x)+\beta g(x)\}h(x)dx \\ &= \alpha\int_{-\pi}^{\pi}f(x)h(x)dx+\beta\int_{-\pi}^{\pi}g(x)h(x)dx \\ &= \alpha(f,h)+\beta(g,h)\end{aligned}$$

（ⅱ）$(f,g) = \int_{-\pi}^{\pi} f(x)g(x)dx = \int_{-\pi}^{\pi} g(x)f(x)dx = (g,f)$

（ⅲ）$(f,f) = \int_{-\pi}^{\pi} f(x)^2 dx \geqq 0$ は明らかである．等号が成り立つ場合を考えよう．もし $f \neq 0$ とすると，ある x_0 があって $f(x_0) \neq 0$ となる．$f(x_0)^2 = A$ とおくと $A > 0$ である．$f(x)$ の $x = x_0$ における連続性により，十分小さい正数 ε をとると $|x-x_0| < \varepsilon$ のとき $f(x)^2 > \dfrac{A}{2}$ となる．したがって

$$(f,f) = \int_{-\pi}^{\pi} f(x)^2 dx \geqq \int_{x_0-\varepsilon}^{x_0+\varepsilon} f(x)^2 dx > \frac{A}{2}\int_{x_0-\varepsilon}^{x_0+\varepsilon} dx$$
$$= A\varepsilon > 0$$

したがって $(f,f)=0$ ならば，$f=0$ でなければならない．逆に $f=0$ ならば，$(f,f)=0$ は明らかである． (証明終り)

(i)と(ii)から，次の(ii)′も成り立つことを注意しておこう．

(ii)′ $(f, \alpha g + \beta h) = \alpha(f, g) + \beta(f, h)$

また(iii)はノルムを用いて

(iii)′ $\|f\|_2 \geqq 0$；ここで等号が成り立つのは $f=0$ のときに限る

といってもよい．

内積と L^2-ノルムの関係については，次の不等式が有名である．

(iv) $|(f, g)| \leqq \|f\|_2 \|g\|_2$

この不等式を**シュワルツの不等式**という．

［証明］$f=0$ のときは，$(f,g)=0$, $\|f\|_2=0$ だから両辺 0 で成り立っている．$f \neq 0$ のときこの不等式が成り立つことを示すことにしよう．どんな実数 t をとっても
$$(tf+g, tf+g) \geqq 0$$
であるが，内積の性質(i), (ii)を使って書き直すと
$$t^2(f,f) + 2t(f,g) + (g,g) \geqq 0$$
となる．したがって，f, g をとめて，左辺を t の2次式と考えると，この2次式の判別式は $\leqq 0$ となる．すなわち
$$(f,g)^2 - (f,f)(g,g) \leqq 0$$
L^2-ノルムの定義からこの式は
$$(f,g)^2 - \|f\|_2^2 \|g\|_2^2 \leqq 0$$
と表わされる．移項してルートをとると(iv)が得られる．

(証明終り)

(iv)を用いると三角不等式とよばれている関係式

(ⅴ)　$\|f+g\|_2 \leqq \|f\|_2 + \|g\|_2$

を示すことができる．

［証明］
$$\begin{aligned}\|f+g\|_2^2 &= (f+g, f+g) = (f,f) + 2(f,g) + (g,g) \\ &\leqq (f,f) + 2\|f\|_2\|g\|_2 + (g,g) \quad ((\text{iv})による) \\ &= \|f\|_2^2 + 2\|f\|_2\|g\|_2 + \|g\|_2^2 \\ &= (\|f\|_2 + \|g\|_2)^2\end{aligned}$$

この両辺のルートをとると(ⅴ)が得られる．　　　　（証明終り）

なお L^2-ノルムについては，

(ⅵ)　$\|\alpha f\|_2 = |\alpha|\|f\|_2$　　　（α は実数）

が成り立つこともつけ加えておこう．実際
$$\|\alpha f\|_2 = \sqrt{(\alpha f, \alpha f)} = \sqrt{\alpha^2 (f,f)} = |\alpha|\sqrt{(f,f)} = |\alpha|\|f\|_2$$
である．

フーリエ級数と内積

この内積を使うと関数列(1)の直交性(2)は，簡明に
$$i \neq j \text{ のとき } (\varphi_i, \varphi_j) = 0 \quad (i, j = 0, 1, 2, \cdots) \quad (2)'$$
と表わされる．また(3)は
$$\|\varphi_i\|_2 = 1 \quad (i = 0, 1, 2, \cdots) \quad (3)'$$
と表わされる．この2つの事実が成り立つことを，関数の集り $\{\varphi_0, \varphi_1, \varphi_2, \cdots, \varphi_n, \cdots\}$ は，$\mathcal{C}^0[-\pi, \pi]$ で**正規直交系**をつくっているといい表わす．"正規"というのは(3)′が成り立つことを示しているのである．

いまある三角多項式 $\Phi(x)$ が(1)を用いて
$$\Phi(x) = A_0 \varphi_0(x) + A_1 \varphi_1(x) + A_2 \varphi_2(x) + \cdots + A_n \varphi_n(x)$$
と表わされているとすると，この係数 $A_0, A_1, A_2, \cdots, A_n$ は，内積

を使って
$$A_i = (\boldsymbol{\Phi}, \varphi_i) \quad (i = 0, 1, 2, \cdots, n) \tag{4}$$
と書くことができる．なぜなら内積の性質(i)から
$$(\boldsymbol{\Phi}, \varphi_i) = A_0(\varphi_0, \varphi_i) + A_1(\varphi_1, \varphi_i) + A_2(\varphi_2, \varphi_i) + \cdots + A_i(\varphi_i, \varphi_i)$$
$$+ \cdots + A_n(\varphi_n, \varphi_i)$$
ここで(2)′を使うと，右辺の和は $A_i(\varphi_i, \varphi_i)$ のところ以外はすべて 0 となることがわかり，一方(3)′を使うと $(\varphi_i, \varphi_i) = 1$ である．したがって(4)がいえた．

(4)から，$\boldsymbol{\Phi}(x)$ は
$$\boldsymbol{\Phi}(x) = \sum_{i=0}^{n} (\boldsymbol{\Phi}, \varphi_i) \varphi_i$$
と表わされることがわかる．この表示の仕方は一般化されて，実は $f \in \mathcal{C}^0[-\pi, \pi]$ のフーリエ級数を
$$\frac{1}{2} a_0 + \sum_{n=1}^{\infty} (a_n \cos nx + b_n \sin nx) \tag{5}$$
とするとき，この級数も似たような形で
$$\sum_{n=0}^{\infty} (f, \varphi_n) \varphi_n(x) \tag{6}$$
と表わされるのである．

そのことは，たとえば $k = 2n - 1$ とするとき，
$$\varphi_n(x) = \frac{1}{\sqrt{\pi}} \cos kx$$
であり，したがって(6)の $\sum$ の中は
$$(f, \varphi_n) \varphi_n(x) = \left(\int_{-\pi}^{\pi} f(x) \frac{1}{\sqrt{\pi}} \cos kx \, dx \right) \frac{1}{\sqrt{\pi}} \cos kx$$
$$= \frac{1}{\pi} \left(\int_{-\pi}^{\pi} f(x) \cos kx \, dx \right) \cos kx$$
$$= a_k \cos kx \quad \text{(木曜日(7)参照)}$$
となる．同様に $k = 2n$ のときは $(f, \varphi_n) \varphi_n(x) = b_k \sin kx$ となることからわかる．要するに(5)と(6)は同じ級数を表わしている．

なお，(f, φ_n) については

$$(f, \varphi_0) = \sqrt{\frac{\pi}{2}}\, a_0$$

$$(f, \varphi_n) = \sqrt{\pi}\, a_n \qquad (n=2k-1)$$

$$(f, \varphi_n) = \sqrt{\pi}\, b_n \qquad (n=2k)$$

となっていることを注意しておこう．

ベッセルの不等式

$f \in \mathcal{C}^0[-\pi, \pi]$ のフーリエ級数(5)が

$$\sum_{n=0}^{\infty} (f, \varphi_n)\varphi_n(x)$$

と表わされることから，このフーリエ係数 (f, φ_n) に対して，1つの強い性質が浮かび上がってくる．すなわち次の定理が示すように正項級数

$$\sum_{n=0}^{\infty} (f, \varphi_n)^2$$

は収束するのである．

> **定理** $f \in \mathcal{C}^0[-\pi, \pi]$ に対し
> $$\sum_{n=0}^{\infty} (f, \varphi_n)^2 \leqq \|f\|_2^2 \tag{7}$$
> が成り立つ．

この不等式を**ベッセルの不等式**という．

[証明] 自然数 N を1つとって

$$\left\| f - \sum_{n=0}^{N} (f, \varphi_n)\varphi_n \right\|_2^2 \tag{8}$$

を計算してみよう．内積の性質(i), (ii), (ii)′ を使うと

$$\left\| f - \sum_{n=0}^{N} (f, \varphi_n)\varphi_n \right\|_2^2 = \left(f - \sum_{n=0}^{N} (f, \varphi_n)\varphi_n,\ f - \sum_{n=0}^{N} (f, \varphi_n)\varphi_n \right)$$

$$= (f, f) - 2\left(f, \sum_{n=0}^{N} (f, \varphi_n)\varphi_n \right) + \left(\sum_{n=0}^{N} (f, \varphi_n)\varphi_n,\ \sum_{n=0}^{N} (f, \varphi_n)\varphi_n \right)$$

$$= \|f\|_2^2 - 2\sum_{n=0}^{N}(f,\varphi_n)(f,\varphi_n) + \sum_{m=0}^{N}\sum_{n=0}^{N}(f,\varphi_m)(f,\varphi_n)(\varphi_m,\varphi_n)$$

$$= \|f\|_2^2 - 2\sum_{n=0}^{N}(f,\varphi_n)^2 + \sum_{n=0}^{N}(f,\varphi_n)^2 \quad ((2)' \text{と}(3)' \text{による})$$

$$= \|f\|_2^2 - \sum_{n=0}^{N}(f,\varphi_n)^2 \tag{9}$$

(iii)' により (8) は正または 0 だから，これによって

$$\sum_{n=0}^{N}(f,\varphi_n)^2 \leqq \|f\|_2^2$$

が示された．$N\to\infty$ とすると

$$\sum_{n=0}^{\infty}(f,\varphi_n)^2 \leqq \|f\|_2^2$$

が成り立つことがわかる． (証明終り)

級数 $\sum_{n=0}^{\infty}(f,\varphi_n)^2$ は収束するのだから，とくに

$$(f,\varphi_n) \longrightarrow 0 \quad (n\to\infty)$$

となる．この式は φ_n の定義にもどってみると

$$\begin{aligned}\int_{-\pi}^{\pi} f(x)\cos nx\,dx &\longrightarrow 0 \quad (n\to\infty) \\ \int_{-\pi}^{\pi} f(x)\sin nx\,dx &\longrightarrow 0 \quad (n\to\infty)\end{aligned} \tag{10}$$

を意味している．

このベッセルの不等式を示すのに用いた計算と似たような計算で，次の興味のある結果を導くことができる．

定理 勝手に 1 つ三角多項式をとって，それを
$$\Phi_N(x) = A_0\varphi_0(x) + A_1\varphi_1(x) + A_2\varphi_2(x) + \cdots + A_N\varphi_N(x)$$
と表わしておく．このとき $f\in\mathcal{C}^0[-\pi,\pi]$ に対し
$$\left\|f - \sum_{n=0}^{N}(f,\varphi_n)\varphi_n\right\|_2 \leqq \|f - \Phi_N\|_2$$
が成り立つ．

この定理のいっていることは，$\varphi_0(x), \varphi_1(x), \cdots, \varphi_N(x)$ を用いて表わされる三角多項式 $\Phi_N(x)$ と，f との隔りを，L^2-ノルム $\|\ \|_2$ を用いて測るとき，この値が最小となるのは，とくに $\Phi_N(x)$ として f のフーリエ級数の N 項までとったときであるというのである．すなわち，この測り方では，f のフーリエ級数の部分和は，似たような形の三角多項式の中で f に一番近い所にある．

[証明] $\|f - \Phi_N\|_2^2 - \left\|f - \sum_{n=0}^{N}(f, \varphi_n)\varphi_n\right\|_2^2$

$= \left\|f - \sum_{n=0}^{N} A_n \varphi_n\right\|_2^2 - \left\|f - \sum_{n=0}^{N}(f, \varphi_n)\varphi_n\right\|_2^2$

$= \|f\|_2^2 - 2\sum_{n=0}^{N} A_n(f, \varphi_n) + \sum_{n=0}^{N} A_n^2 - \|f\|_2^2 + \sum_{n=0}^{N}(f, \varphi_n)^2$

((9)による)

$= \sum_{n=0}^{N} \{(f, \varphi_n) - A_n\}^2 \geqq 0$

したがって定理が成り立つ． (証明終り)

パーセバルの等式

ベッセルの不等式(7)は，$\{\varphi_0, \varphi_1, \varphi_2, \cdots, \varphi_n, \cdots\}$ が正規直交系をつくっているという事実だけから，内積を計算することによって得られた．その意味でベッセルの不等式は代数的な結果であるといってもよいのだが，それでもここから(10)のような解析的な結果が導かれてきたことは注目すべきことである．

しかし，ベッセルの不等式はなお中間的な定理であって，実際は解析的に深い内容をもつ次のパーセバルの定理が成り立つのである．

定理 $f \in \mathscr{C}^0[-\pi, \pi]$ に対し
$$\sum_{n=0}^{\infty}(f, \varphi_n)^2 = \|f\|_2^2$$
が成り立つ．

これを**パーセバルの等式**という

［証明］フェイェールの定理から，どんな小さい正数 ε をとっても，適当な三角多項式 $S_N(x)$ をとると

$$|f(x)-S_N(x)| < \varepsilon \quad (\text{区間}\,[-\pi,\pi]\,\text{で一様に})$$

が成り立っている．したがって

$$\int_{-\pi}^{\pi} |f(x)-S_N(x)|^2 dx < 2\pi\varepsilon^2$$

である．すなわちノルムの記号を使って書くと

$$\|f-S_N\|_2^2 < 2\pi\varepsilon^2$$

となる．

これから前の定理により

$$\left\|f-\sum_{n=0}^{N}(f,\varphi_n)\varphi_n\right\|_2^2 \leqq \|f-S_N\|_2^2 < 2\pi\varepsilon^2 \qquad (11)$$

となるが，(9) を見るとわかるようにこの左辺は

$$\left\|f-\sum_{n=0}^{N}(f,\varphi_n)\varphi_n\right\|_2^2 = \|f\|_2^2 - \sum_{n=0}^{N}(f,\varphi_n)^2$$

である．したがって (11) から

$$0 \leqq \|f\|_2^2 - \sum_{n=0}^{N}(f,\varphi_n)^2 < 2\pi\varepsilon^2$$

となるが，N さえ十分大きくとれば，ε はいくらでも小さくとることができることに注意すると，まず $N\to\infty$ とし，次に $\varepsilon\to 0$ として結局

$$\|f\|_2^2 - \sum_{n=0}^{\infty}(f,\varphi_n)^2 = 0$$

となる．これは証明すべき式にほかならない． （証明終り）

なお，パーセバルの等式は，$f(x)$ のフーリエ係数を使って書くと

$$\frac{\pi}{2}a_0^2 + \pi\left(\sum_{n=1}^{\infty}a_n^2 + \sum_{n=1}^{\infty}b_n^2\right) = \int_{-\pi}^{\pi} f(x)^2 dx$$

となっている．

フーリエ級数で表わされる周期関数

いま $\mathcal{C}^1[-\pi,\pi]$ によって，C^1-級の周期関数の集りを表わすことにしよう．すなわち

$f\in\mathcal{C}^1[-\pi,\pi] \Longleftrightarrow f$ は C^1-級の関数で $f(x+2\pi)=f(x)$

をみたしている．

このとき次の定理が成り立つ．

> **定理** $f\in\mathcal{C}^1[-\pi,\pi]$ とする．このとき f は $[-\pi,\pi]$ で一様収束するフーリエ級数によって
> $$f(x) = \frac{1}{2}a_0 + \sum_{n=1}^{\infty}(a_n \cos nx + b_n \sin nx)$$
> と表わされる．このときフーリエ級数は絶対収束している．

［証明］ $f(x)$ のフーリエ係数を

$a_0, a_1, a_2, \cdots, a_n, \cdots ; b_1, b_2, \cdots, b_n, \cdots$

とし，$f'(x)$ のフーリエ係数を

$a_0', a_1', a_2', \cdots, a_n', \cdots ; b_1', b_2', \cdots, b_n', \cdots$

とする．

このとき，$n\geqq 1$ に対しこの 2 つのフーリエ係数の間に次のような関係が成り立っている．

$$a_n = -\frac{b_n'}{n} \tag{12}$$

$$b_n = \frac{a_n'}{n} \tag{13}$$

(12)の証明：

$$a_n = \frac{1}{\pi}\int_{-\pi}^{\pi} f(x)\cos nx\, dx$$

$$= \frac{1}{\pi n}f(x)\sin nx\Big|_{-\pi}^{\pi} - \frac{1}{\pi n}\int_{-\pi}^{\pi} f'(x)\sin nx\, dx \quad \text{(部分積分による)}$$

$$= -\frac{1}{\pi n}\int_{-\pi}^{\pi} f'(x)\sin nx\, dx = -\frac{b_n'}{n}$$

(13)の証明:

$$b_n = \frac{1}{\pi}\int_{-\pi}^{\pi} f(x)\sin nx\, dx$$
$$= -\frac{1}{\pi n}f(x)\cos nx\Big|_{-\pi}^{\pi} + \frac{1}{\pi n}\int_{-\pi}^{\pi} f'(x)\cos nx\, dx$$
$$= \frac{1}{\pi n}\int_{-\pi}^{\pi} f'(x)\cos nx\, dx = \frac{a_n'}{n}$$

ここで2行目から3行目へと移るとき,2行目の第1項が消えているが,それは f の周期性 $f(\pi)=f(-\pi)$ を使ったからである.

ベッセルの不等式(またはパーセバルの定理)から,私たちは, f' のフーリエ係数について

$$\sum_{n=0}^{\infty} a_n'^2 < \infty, \quad \sum_{n=1}^{\infty} b_n'^2 < \infty \tag{14}$$

が成り立つことを知っている.一方

$$\left(a_n' \pm \frac{1}{n}\right)^2 = a_n'^2 \pm \frac{2a_n'}{n} + \frac{1}{n^2} \geqq 0 \quad (n=1,2,\cdots)$$

から,関係

$$\left|\frac{2a_n'}{n}\right| \leqq a_n'^2 + \frac{1}{n^2}$$

が導かれるが,(14)から $\sum a_n'^2$ は収束し,また $\sum \frac{1}{n^2}$ も収束するから $\left(\sum \frac{1}{n^2} = \frac{\pi^2}{6}\right)$,結局この不等式から

$$\sum_{n=1}^{\infty} \left|\frac{a_n'}{n}\right|$$

も収束していることがわかる.したがって(13)を参照すると, $\sum_{n=1}^{\infty} |b_n|$ が収束する.同様にして $\sum_{n=1}^{\infty} |a_n|$ も収束することがわかる.したがって

$$|a_n \cos nx| + |b_n \sin nx| \leqq |a_n| + |b_n|$$

に注意すると, $f(x)$ のフーリエ級数

$$\frac{1}{2}a_0 + \sum_{n=1}^{\infty} a_n \cos nx + \sum_{n=1}^{\infty} b_n \sin nx$$

は,$[-\pi, \pi]$ で一様に,かつ絶対収束することが示された.

しかしこのフーリエ級数が本当に $f(x)$ を表わしているかどうか

はまだわからない．そこで

$$g(x) = \frac{1}{2}a_0 + \sum_{n=1}^{\infty} a_n \cos nx + \sum_{n=1}^{\infty} b_n \sin nx$$

とおく．右辺の各項は連続な周期関数で，それが一様収束しているのだから，$g \in \mathcal{C}^0[-\pi, \pi]$ である．また，一様収束しているから右辺の級数は項別に積分できて，たとえば

$$\frac{1}{\pi}\int_{-\pi}^{\pi} g(x)\cos nx\, dx = a_n$$

となる（正規直交性！）．したがって $g(x)$ のフーリエ係数は，$f(x)$ と同じフーリエ係数

$$a_0,\ a_1,\ a_2,\ \cdots,\ a_n,\ \cdots\ ;\ b_1,\ b_2,\ \cdots,\ b_n,\ \cdots$$

をもつことになる．

したがって

$$F(x) = f(x) - g(x)$$

とおくと，$F(x)$ のフーリエ係数はすべて 0 となる．たとえば

$$\frac{1}{\pi}\int_{-\pi}^{\pi} F(x)\cos nx\, dx = \frac{1}{\pi}\int_{-\pi}^{\pi} f(x)\cos nx\, dx - \frac{1}{\pi}\int_{-\pi}^{\pi} g(x)\cos nx\, dx$$
$$= a_n - a_n = 0$$

ここで F に対してパーセバルの定理を使うことにしよう．パーセバルの定理によれば F のフーリエ係数の 2 乗の和が $\|F\|_2^2$ に等しかったのだから，いまの場合 $\|F\|_2^2 = 0$，すなわち $\|F\|_2 = 0$．(iii)′（116 頁）によれば，これから $F = 0$ が結論される．したがって

$$0 = F = f - g$$

から，$f = g$ が示された．これで f のフーリエ級数が f 自身を表わしていることが証明された．　　　　　　　　　　　　　　　（証明終り）

もう少し一般的な形の定理

上の定理は C^1-級の関数とフーリエ級数展開とがよく適合しあってなじんでいることを示している．単に関数が連続であるというだけでは，時にはそのフーリエ級数は生みの親の連続関数とはまった

く無関係に荒れ狂う．実際，区間 $[-\pi,\pi]$ に含まれているいたるところ稠密な点で発散するようなフーリエ級数も存在している．

応用上ふつう現われる関数は C^1-級の関数だから，上の定理でふつうは十分役立つのだが，$f(\pi) \neq f(-\pi)$ のような状況が起きて周期性をもたない関数に対しても，フーリエ級数展開を考える必要がしばしば生ずる．

それについての定理を，ここで結果だけ述べておくことにしよう．

$f(x)$ は 2π を周期とする周期関数とする．区間 $[-\pi,\pi]$ の中に限って $f(x)$ を見たとき，$f(x)$ は有限個の不連続点

$$a_1, a_2, \cdots, a_k$$

をもつとする．それ以外のところでは $f(x)$ は C^1-級としよう．この不連続点では，$f(x)$ のグラフはジャンプする状況となっているとする．ジャンプしているということで，何をいおうとしているかは，図で見れば明らかなのだが，ていねいにいうと次のようになる．

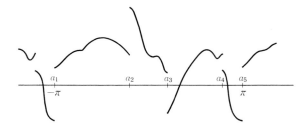

説明のため，不連続点の代表を a とする．このとき

$$\lim_{\substack{h \to 0 \\ h > 0}} f(a-h) = f(a-0), \quad \lim_{\substack{h \to 0 \\ h > 0}} f(a+h) = f(a+0)$$

が存在し，$f(a-0) \neq f(a+0)$ が成り立つというのである．なお $f(-\pi) \neq f(\pi)$ のときは，$-\pi$ も π も不連続点に加えておく．

そのとき次の定理が成り立つ．

> **定理** $f(x)$ は周期 2π をもつ周期関数で，$[-\pi,\pi]$ にある有限個の点 $a_1, a_2, \cdots, a_k$ を除いて，$[-\pi,\pi]$ では C^1-級とする．各不連続点ではジャンプしているとする．このとき $f(x)$ のフーリエ級数は，不連続点を含まない閉区間では，$f(x)$ に一様

に収束する．各不連続点 a_i ($i=1, 2, \cdots, k$) では，フーリエ級数は

$$\frac{f(a-0)+f(a+0)}{2}$$

に収束する．

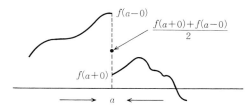

♣ この定理の証明は，高木貞治『解析概論』（岩波書店）第6章を参照していただきたい．

フーリエ級数の例

上の定理が適用されるようないくつかの関数に対して，フーリエ級数を示しておこう．それぞれの場合にフーリエ係数を計算することは，それほどむずかしくないので，それは省略することにして，むしろそれらのフーリエ級数から導かれるいくつかの結果を述べてみることにしよう．

（Ⅰ） 区間 $[-\pi, \pi]$ における $f(x)=x$

$$\frac{x}{2} = \sin x - \frac{\sin 2x}{2} + \frac{\sin 3x}{3} - \cdots \qquad (15)$$

$x=\dfrac{\pi}{2}$ とおくとこれから

$$\frac{\pi}{4} = 1 - \frac{1}{3} + \frac{1}{5} - \frac{1}{7} + \cdots$$

が得られる．これはライプニッツの級数とよばれているものである．

♣ $f(x)=x$ は周期性の条件 $f(-\pi)=f(\pi)$ をみたしていないから，123頁で述べた定理が適用されず，ここに条件収束する級数が現われたのである．

$f(-\pi)$の値を$f(x)=\pi$と修正して，$f(x)$を周期2πの周期関数として数直線上全体に広げると，図のような形をした関数のグラフが得られる．不連続点$x=\pi$では$f(\pi-0)=\pi$，$f(\pi+0)=-\pi$，したがって定理によりフーリエ級数は$\frac{1}{2}(f(\pi-0)+f(\pi+0))=0$に収束するはずである．実際(15)の右辺に$x=\pi$を代入してみると0になっている．

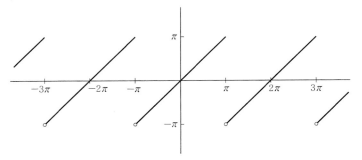

　火曜日の"歴史の潮騒"を読み直してみられると，級数(15)は，連続関数を項とする級数は連続関数となるというコーシーの定理に，アーベルが最初に疑念を投げかけた例となっていることに気づかれるだろう．

　興味ある読者は，(15)にさらに$x=\frac{\pi}{3}$を代入してみられるとよいだろう．そうすると$\frac{1}{3}\frac{\pi}{\sqrt{3}}$を表わす級数が得られることになる．オイラーが『無限解析入門』で示した，さながら空中を軽やかに舞うようなπの，さまざまな級数表示は，その全部ではないとしても，フーリエ級数を通してその統一的な背景を知ることができるようになる．

　（II）　区間$[-\pi,\pi]$における$f(x)=|x|$

$$|x|=\frac{\pi}{2}-\frac{4}{\pi}\left(\cos x+\frac{\cos 3x}{3^2}+\frac{\cos 5x}{5^2}+\cdots\right)$$

このとき，$|x|$は$x=0$でC^1-級ではないが，このようなときにも，いまの場合は右辺の級数は一様に，絶対収束している．

　ここで$x=0$とおいて式を整理すると

$$\frac{\pi^2}{8}=1+\frac{1}{3^2}+\frac{1}{5^2}+\frac{1}{7^2}+\cdots$$

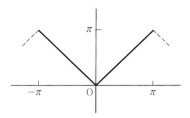

が得られる.

(Ⅲ) 区間 $[-\pi, \pi]$ における $f(x)=x^2$

$$x^2 = \frac{\pi^2}{3} - 4\left(\frac{\cos x}{1^2} - \frac{\cos 2x}{2^2} + \frac{\cos 3x}{3^2} - \frac{\cos 4x}{4^2} + \cdots\right)$$

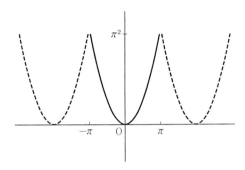

ここで $x=0$ とおくと

$$\frac{\pi^2}{12} = \frac{1}{1^2} - \frac{1}{2^2} + \frac{1}{3^2} - \frac{1}{4^2} + \cdots$$

が得られる. また $x=\pi$ とおくと

$$\frac{\pi^2}{6} = \frac{1}{1^2} + \frac{1}{2^2} + \frac{1}{3^2} + \frac{1}{4^2} + \cdots$$

が得られる. この級数が, ある時期数学史の上でどれほど問題になったかは, すでに第1週金曜日 "お茶の時間" で述べてある.

(Ⅳ) $f(x) = \begin{cases} -1 & (-\pi \leqq x \leqq 0) \\ 1 & (0 < x \leqq \pi) \end{cases}$

この関数に対しては

$$f(x) = \frac{4}{\pi}\left(\sin x + \frac{\sin 3x}{3} + \frac{\sin 5x}{5} + \cdots\right)$$

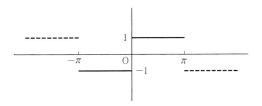

（V） 整数でない λ に対して，区間 $[-\pi, \pi]$ における $f(x) = \cos \lambda x$

この関数は

$$\cos \lambda x = \frac{2\lambda \sin \lambda \pi}{\pi}\left(\frac{1}{2\lambda^2} - \frac{\cos x}{\lambda^2 - 1} + \frac{\cos 2x}{\lambda^2 - 2^2} - \frac{\cos 3x}{\lambda^2 - 3^2} + \cdots\right)$$

とフーリエ展開されるが，ここで $x = \pi$ とおくと

$$\cos \pi\lambda = \frac{2\lambda \sin \lambda \pi}{\pi}\left(\frac{1}{2\lambda^2} + \frac{1}{\lambda^2 - 1} + \frac{1}{\lambda^2 - 2^2} + \frac{1}{\lambda^2 - 3^2} + \cdots\right)$$

となる．
cot という関数は，tan の逆数とし

$$\cot x = \frac{1}{\tan x} = \frac{\cos x}{\sin x}$$

と定義されていることを思い出しておこう．そうすると上の式から，λ を x にかえると

$$\cot \pi x = \frac{2x}{\pi}\left(\frac{1}{2x^2} + \frac{1}{x^2 - 1} + \frac{1}{x^2 - 2^2} + \frac{1}{x^2 - 3^2} + \cdots\right)$$

$$= \frac{1}{\pi}\left(\frac{1}{x} + \frac{1}{x-1} + \frac{1}{x+1} + \frac{1}{x-2} + \frac{1}{x+2} + \frac{1}{x-3} + \frac{1}{x+3} + \cdots\right)$$

という $\cot \pi x$ の展開式が得られる．この右辺の和の中には $\frac{1}{x+n}$ ($n = 0, \pm 1, \pm 2, \cdots$) がすべて含まれている．したがって x を $x+1$ におきかえても，この級数は全体としては変化しない．すなわちこの級数は $\cot \pi x$ の周期性

$$\cot \pi(x+1) = \cot(\pi x + \pi) = \cot \pi x$$

を端的に表わしているのである．sin や cos のテイラー展開を見ても，sin や cos が周期関数のことは全然察知することができなかっ

たことにくらべれば，$\cot \pi x$ のこの級数表示はきわだって特徴的なものであるといってよいだろう．

歴史の潮騒

三角級数は，弦の振動の問題を解くために，1753 年にダニエル・ベルヌーイが，物理的な根拠に立って，未知関数を

$$f(x) = \alpha \sin \frac{\pi x}{l} + \beta \sin \frac{2\pi x}{l} + \cdots$$

とおいたのが最初とされている．オイラーも弦の振動の問題に興味をもっていたが，ベルヌーイの考えをさらに展開するようなことはなかったようである．オイラーは，ある区間では 0，ある区間では 0 でないような関数は，三角級数としては表わされないといっているが，それは誤った予想であった．

三角級数論の成立には，フーリエの出現を待つ必要があった．フーリエは 1822 年に大著『熱の解析的理論』を出版する前に，多くの部厚い草稿を残している．それを追うと，フーリエ級数誕生の歴史がわかるのである．

フーリエは，1805 年に薄膜の熱伝導に関する長い草稿を書き残している．その中で，熱伝導方程式を変数分離して解を求める過程で

$$1 = a \cos x + b \cos 3x + c \cos 5x + d \cos 7x + \cdots \quad (16)$$

がつねに成り立つように，係数 $a, b, c, \cdots$ を求めよ，という問題に出くわし，これを解く必要が生じてきた．フーリエはそこで (16) を逐次微分して $x=0$ とおくことにより，無限個の未知数 $a, b, c, \cdots$ に関する無限個の連立方程式をつくり，その考察からスタートした．この連立方程式は

$$a+b+c+d+e+\cdots = 1$$
$$a+3^2 b+5^2 c+7^2 d+9^2 e+\cdots = 0$$
$$a+3^4 b+5^4 c+7^4 d+9^4 e+\cdots = 0$$
$$\cdots\cdots\cdots\cdots\cdots\cdots\cdots\cdots\cdots\cdots\cdots$$

の形となる．

　フーリエは最初の7個の未知数 a,b,c,d,e,f,g に注目し，残りの未知数はひとまず0とおいてこの連立方程式を解き，そこから帰納的に推論して，結局

$$a = \frac{3^2}{3^2-1}\frac{5^2}{5^2-1}\frac{7^2}{7^2-1}\frac{9^2}{9^2-1}\cdots \quad （無限積!）$$

を得た．この右辺は

$$\frac{3\cdot 3\cdot 5\cdot 5\cdot 7\cdot 7\cdot 9\cdot 9\cdots}{2\cdot 4\cdot 4\cdot 6\cdot 6\cdot 8\cdot 8\cdots}$$

だから，よく知られているワリスの公式

$$\frac{\pi}{2} = \frac{2\cdot 2\cdot 4\cdot 4\cdot 6\cdot 6\cdot 8\cdot 8\cdots}{3\cdot 3\cdot 5\cdot 5\cdot 7\cdot 7\cdot 9\cdot 9\cdots}$$

が使えて，結局

$$a = \frac{4}{\pi}$$

となる．以下，$b,c,d,\cdots$ も順次求められ

$$b = -\frac{1}{3}\frac{4}{\pi}, \quad c = \frac{1}{5}\frac{4}{\pi}, \quad d = -\frac{1}{7}\frac{4}{\pi}, \quad \cdots$$

となり，したがって(16)の右辺の形がわかったのである．すなわち

$$1 = \frac{4}{\pi}\Big(\cos x - \frac{1}{3}\cos 3x + \frac{1}{5}\cos 5x - \frac{1}{7}\cos 7x + \cdots\Big)$$

であった．

　この右辺のフーリエ級数は，フーリエ級数の例(Ⅳ)で取り扱ったもので，x を $x+\frac{\pi}{2}$ におきかえたものになっている(グラフ参照)．したがって右辺のフーリエ級数は，グラフで図示した関数を表わしている．

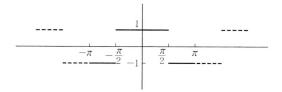

左辺に 1 とおいてあるのは，$-\dfrac{\pi}{2}<x<\dfrac{\pi}{2}$ の範囲で成り立つのである．フーリエ自身もこの事実には注意を与えており，また $x=\dfrac{\pi}{4}$ とおいて

$$\frac{\pi}{2\sqrt{2}} = 1+\frac{1}{3}-\frac{1}{5}-\frac{1}{7}+\frac{1}{9}+\frac{1}{11}-\frac{1}{13}-\frac{1}{15}+\cdots$$

のような式も導いている．

　このあと，1807 年に書かれた草稿は，フーリエ級数の理論にとって決定的なものとなった．フーリエは，上の結果を，任意の関数 $\varphi(x)$ にまで拡張しようとした（ただしこんどは，cos の級数ではなく，sin の級数を取り扱った）．すなわち，$\varphi(x)$ を与えられた関数としたときに

$$\varphi(x) = a\sin x + b\sin 2x + c\sin 3x + \cdots \tag{17}$$

が成り立つように，係数 $a,b,c,\cdots$ を決めるという，はるかに困難な問題に敢然と立ち向かったのである．

　♣　なお，一般に cos だけのフーリエ級数で表わされる関数 $f(x)$ は偶関数（$f(-x)=f(x)$ をみたす関数）であり，sin だけのフーリエ級数で表わされる関数 $g(x)$ は奇関数（$g(-x)=-g(x)$ をみたす関数）である．したがって上の問題設定の場合，$\varphi(x)$ は奇関数である．なおこのとき $\varphi(-x)=-\varphi(x)$ を $2N$ 回微分すると $\varphi^{(2N)}(-x)=-\varphi^{(2N)}(x)$ となるから，$x=0$ とおくと $\varphi^{(2N)}(0)=0$ ($N=0,1,2,\cdots$) がわかる．

　フーリエはここで天才的な手腕を発揮し，ほとんど見通し利かない長い計算を遂行することによって，この局面を乗り越えていく．フーリエは $\varphi(x)$ のマクローラン展開を

$$\varphi(x) = Ax - \frac{B}{3!}x^3 + \frac{C}{5!}x^5 - \frac{D}{7!}x^7 + \cdots$$

と表わした．ここで $A=\varphi'(0)$，$-B=\varphi'''(0)$，$C=\varphi^{(\mathrm{V})}(0)$，$-D=\varphi^{(\mathrm{VII})}(0)$，$\cdots$ である．(17) の右辺は各項に sin の展開を代入すると

$$a\left(x-\frac{1}{3!}x^3+\frac{1}{5!}x^5-\cdots\right)+b\left(2x-\frac{1}{3!}(2x)^3+\frac{1}{5!}(2x)^5-\cdots\right)+\cdots$$

となる．このように書き直して両辺の係数を比較すると

$$a+2b+3c+4d+5e+\cdots = A$$
$$a+2^3b+3^3c+4^3d+5^3e+\cdots = B$$
$$a+2^5b+3^5c+4^5d+5^5e+\cdots = C$$
$$\cdots\cdots\cdots\cdots\cdots\cdots\cdots\cdots\cdots$$

という，無限個の未知数に関する無限個の連立方程式が得られる．

フーリエは，この解を，未知数の個数がしだいに大きくなる極限で捉えようとして，消去法のルールを見つけるため，n 番目までの未知数が，n 番目までの方程式に現われるところにまず注目して，それぞれの段階の解に番号をつけた：

1 番目：$a_1 = A_1$

2 番目：$a_2 + 2b_2 = A_2$, $a_2 + 2^3 b_2 = B_2$

3 番目：$a_3 + 2b_3 + 3c_3 = A_3$, $a_3 + 2^3 b_3 + 3^3 c_3 = B_3$,
$\qquad a_3 + 2^5 b_3 + 3^5 c_3 = C_3$

$\qquad\cdots\cdots\cdots\cdots\cdots\cdots\cdots\cdots$

2 番目の式から b_2 を消去すると，$a_2(2^2-1) = 2^2 A_2 - B_2$ となる．1 番目の式と見比べて

$$a_1 = a_2(2^2-1)\,;\quad A_1 = 2^2 A_2 - B_2$$

同様にして 3 番目の式から c_3 を消去して，2 番目の式と見比べることにより

$$a_2 = a_3(3^2-1),\ b_2 = b_3(3^2-2^2)\,;$$
$$A_2 = 3^2 A_3 - B_3,\ B_2 = 3^2 B_3 - C_3$$

となる．

このような関係式から，どんどん解を追いつめていくのだが，その道のりは長いので，とてもここに書き写すわけにはいかない．

フーリエはこのようにして最後に(17)の右辺の係数を完全に決定した．それは現在の観点からみれば，$\varphi(x)$ に対する $\sin nx$ のフーリエ係数

$$b_n = \frac{1}{\pi}\int_{-\pi}^{\pi}\varphi(x)\sin nx\,dx \tag{18}$$

を $\varphi(x) = \varphi'(0)x + \frac{1}{3!}\varphi'''(0)x + \cdots$, $\sin x = x + \frac{1}{3!}x^3 + \cdots$ とおいて，項別積分して表わした形となっている．b_n はしたがって $\varphi'(0)$,

$\varphi'''(0),\cdots$ の級数として表わされ，それは複雑なものである．

しかし，フーリエはこの過程を検討し，得られた結果を整理しているうちに，突然何かがひらめいたようで，この係数が(18)の形で $\varphi(x)\sin nx$ の積分と関係していると気づいたのである．実際，この草稿の後半の最初に，奇関数に関するフーリエ級数の公式

$$\frac{1}{2}\pi\varphi(x) = \sin x \int_0^\pi \varphi(x)\sin x\,dx + \sin 2x \int_0^\pi \varphi(x)\sin 2x\,dx$$
$$+ \sin 3x \int_0^\pi \varphi(x)\sin 3x\,dx + \cdots$$

がはじめてはっきりと，劇的ともいえる形で明記されて登場してくる．

それと同時に突然，代数的な計算が草稿から消えて，かわって波打つようなグラフがいくつか描かれ，基本的なフーリエ級数が上の公式から簡単に計算され，応用として π を表わす級数がいくつか書かれている．フーリエ級数が誕生したのである．

もちろんこれら草稿に書き記された内容は，1822年の著書の中に集大成されている．しかし数学がどのようにして育ってきたかという私たちの主題からいえば，フーリエの草稿の方にむしろ興味があった．この草稿が整理，発表されたのは比較的最近であって，Grattan-Guinness『Joseph Fourier, 1768-1830』MIT(1972)の労作によるのである．

先生との対話

かず子さんは，フーリエ級数誕生の歴史を眼を輝かせて聞いていたが，興奮さめやらぬ面持で質問した．

「先生，フーリエという人はすごい人ですね．無限個の未知数をもつ無限個の連立方程式を解いてみようと思い立ったことに，私はまず感心しました．見たところとても解けそうには思えません．こういうお話を聞くと以前先生が，数学者の創造的な仕事というのは，深い森の中にひとりで入りこんでいくようなものだといわれたこと

が実感として伝わってきます．しかし，どうしてフーリエは最初に出会った問題

$$1 = a\cos x + b\cos 2x + \cdots$$

を代数的に解こうとしたのでしょうか．これは解析的な問題とみえなかったのでしょうか．」

　先生はじっと考えておられたが，それからゆっくりとした口調で話し出された．

　「フーリエの出会った最初のケースが，左辺が 1 であったということが，むしろ幸運な状況だったのかもしれません．オイラーが亡くなったのは，フーリエが 15 歳のときですから，オイラーの『無限解析入門』のもたらした影響力はまだこの時代には強かったでしょう．そこでは係数を比較し，逐次代数的に級数の形を決定していくという考えが支配的でした．無限への道は，一歩，一歩，代数的に足場を踏み固めて進んでいくのです．テイラー展開の n 番目の係数 $\frac{1}{n!}f^{(n)}(a)$ を求めるにしても，$f(x)$ の $(n-1)$ 階の導関数を求め，次に $f^{(n)}(x)$ を求めて $x=a$ とおくという，帰納的な考えが必要です．

　左辺が 1 であったために，フーリエはたぶん迷うことなく，オイラーのような代数的な手法で $a, b, c, \cdots$ を決定しようとしたし，またそうすることによって決定できると考えたのは，この問題が熱方程式からでてきたものであるという，物理的なものに裏づけられた確信もあったのでしょう．しかし，a を求めたところ，そこに，π を表わすワリスの公式が出現したとき，フーリエはこの事態を予想していたのでしょうか，あるいはまったく予想していなかったのでしょうか．フーリエの驚きは草稿を読んでも伝わってきません．いずれにしても注意しなくてはいけないのは，1805 年の草稿はこの問題の前に，熱の伝導に関する長い考察が続き，それを数学的に絞りこんだ末に，この問題がでてきたということです．」

　そこで先生が一息いれられたとき，明子さんが質問した．

　「でも，次にフーリエは左辺を 1 ではなく，$\varphi(x)$ としましたね．これも代数的に解けるだろうと考えたのは，左辺が 1 のときにはす

でに解けていたからですね.」

「きっとそうでしょう.もし最初から $\varphi(x)$ が左辺に現われていたら,フーリエが挑戦しようとしたかどうかわかりませんし,もし挑戦しなかったならば数学の流れは変わっていたかもしれませんね.しかし,左辺が 1 から $\varphi(x)$ へと変わったことによって,単に困難さが増したというだけではなくて,数学の局面が,オイラーの"無限解析"から"解析"そのものへと変わろうとしていたのでした.問題の本質はまさしくそこにありました.フーリエがこの場合に示した無限個の未知数をもつ連立方程式の解法は,オイラーが『無限解析入門』の中で示した方法を究極のところまで押し進めたものだったといってよいでしょう.そのことを象徴するかのように,"歴史の潮騒"の中ではそこまで触れませんでしたが,オイラーが $\sum \dfrac{1}{n^2} = \dfrac{\pi^2}{6}$ を示すときに用いた

$$\sin x = x \prod_{n=1}^{\infty}\left(1 - \dfrac{x^2}{\pi^2 n^2}\right)$$

が,もう一度この代数的議論の中で登場してくるのです.フーリエが sin の現われる三角級数に考察を限ったのは,sin に対するこの無限積表示を用いる必要があったからです. $1 = a \cos x + b \cos 2x + \cdots$ から $\varphi(x) = a \sin x + b \sin 2x + \cdots$ と問題の右辺を cos から sin へと微妙に変えたところに,フーリエがどれほどこの一般的な場合の解を求めるのに苦労したかがわかります.

そして"無限解析"のいわば果てまでたどりついたとき,突然,問題の本質は"解析"そのものであったという新しい光が差しこんできたのでしょう.草稿はそのような姿を示しています.」

山田君が少し不思議そうな顔をして質問した.

「しかし,項別積分ができるかどうかなど当時は全然気にしなかったのでしょうから, $\varphi(x) = a \sin x + b \sin 2x + \cdots$ の両辺に,$\sin nx$ をかけて積分してみるような考えがあってもよかったような気もしますが.」

先生は教壇の上を行ったり来たりしながら,少し考えこんでおられたが,それから次のように話された.

「それはコロンブスの卵でしょう．数学はでき上がったものだけをみていると，いつもどうしてそれに気がつかなかっただろうと思うものです．18世紀まで，積分は微分の逆演算——不定積分——として主に使われていました．周期関数をどのように取り扱うかということは，18世紀にもいろいろ問題になったのでしょうが，周期を端点とする定積分 $\int_{-\pi}^{\pi} \cdot dx$ がそこでは主役を演ずるということは，あまり意識に上らなかったのではないかと思われます．フーリエの草稿を見ましても，$\varphi(x)$ の n 番目のフーリエ係数を $\varphi'(0)$，$\varphi'''(0), \cdots$ の級数として表わしたあと，その級数の形からこの値が $\frac{1}{\sqrt{\pi}}\varphi(x)\sin nx$ を $-\pi$ から π まで積分したものであるということを示すところが，わずか1頁に書かれているのですが，どうもわかりにくいのですね．ここでのフーリエの議論は途中で不定積分を経由しているのです．

代数的な立場に立てば，級数は帰納的な原理のようなもので組み立てられ，有限の演算のもたらす関係を，注意深く無限に向かって進めていくことになります．フーリエが無限連立方程式を逐次消去して，解を求めた道はそのような道でした．しかし，定積分を使えば，フーリエ級数のはるか先にある項の係数でも，積分することによって即座に取り出せます．そのことによってフーリエ級数から帰納的な影は消えてしまったのです．微分が帰納的な性格をもつとすれば，積分は演繹的な性格を内蔵しています．フーリエの1807年の草稿に見られる著しい転調は，微分的世界から積分的世界への移行を示すものだったといってよいでしょう．

そしてフーリエ級数の形は，関数そのものの認識と，定積分の作用としての働きに，数学者の眼を向けさせることになったのです．フーリエの仕事がもたらした影響は，熱が伝導するように，19世紀数学の中に急速に広がっていくことになりました．」

問　題

[1] $f, g \in \mathscr{C}^0[-\pi, \pi]$ とする．$f(x), g(x)$ のフーリエ係数をそれぞれ

$a_m, b_n ; a_m', b_n' \ (m=0,1,2,\cdots ; n=1,2,\cdots)$ とする．もし
$$a_m = a_m', \ b_n = b_n' \quad (m=0,1,2,\cdots ; n=1,2,\cdots)$$
が成り立つならば
$$f(x) = g(x)$$
となることを示しなさい．

[2] (1) $\displaystyle\int e^x \cos nx\, dx = e^x \frac{\cos nx + n \sin nx}{1+n^2}$

$\displaystyle\int e^x \sin nx\, dx = e^x \frac{\sin nx - n \cos nx}{1+n^2}$

を示しなさい．

(2) $\cos n\pi = \begin{cases} 1 & n \text{ が偶数} \\ -1 & n \text{ が奇数} \end{cases}, \quad \sin n\pi = 0 \ (n=1,2,\cdots)$

に注意して，e^x をフーリエ級数によって表わしなさい．

[3] $\dfrac{x}{2} = \sin x - \dfrac{1}{2}\sin 2x + \dfrac{1}{3}\sin 3x - \cdots$ にパーセバルの等式を適用してみることにより

$$\frac{\pi^2}{6} = \frac{1}{1^2} + \frac{1}{2^2} + \frac{1}{3^2} + \cdots$$

が成り立つことを確かめなさい．

お茶の時間

質問 周期関数 f の L^2-ノルム $\|f\|_2$ というのは

$$\sqrt{\int_a^b f(x)^2 dx}$$

とむずかしい形で定義されていましたが，ぼくは三角関数の直交性のところで，先生が"直交する"という言葉を説明されたのを参照して，次のように理解しました．積分の定義にもどると

$$\|f\|_2 = \sqrt{\lim_{n\to\infty} \frac{2\pi}{n} \sum_{k=1}^{n} f\left(-\pi + \frac{2\pi}{n}k\right)^2}$$

と書けます．この lim の中は 2 乗の和のルートですから，平面のベクトル $\vec{x} = (x_1, x_2)$ の長さ $\|\vec{x}\| = \sqrt{x_1^2 + x_2^2}$ と似た形をしています．

ですからぼくは，この定義は平面のベクトルの長さを真似したものなのだと思いました．こんな考え方は通用するのでしょうか．

答 そのように考えてもよいのである．君のいったことをもう少し明確にしようとすると次のようになるかもしれない．$f \in \mathcal{C}^0[-\pi, \pi]$ とする．いま区間 $[-\pi, \pi]$ の n 等分点

$$x_1 = -\pi + \frac{2\pi}{n},\ x_2 = -\pi + \frac{2\pi}{n}2,\ \cdots,\ x_k = -\pi + \frac{2\pi}{n}k,\ \cdots,$$

$$x_n = -\pi + \frac{2\pi}{n}n$$

をかりに観測点と考えて，この観測点で f の値を観測すると，n 個の観測値

$$(f(x_1), f(x_2), \cdots, f(x_n)) \qquad (*)$$

が得られる．この観測値を n 次元ベクトルと考えると，この観測値の大きさを

$$\sqrt{f(x_1)^2 + f(x_2)^2 + \cdots + f(x_2)^2} \qquad (**)$$

として測ることは，君のいったように，平面上のベクトルの長さのことを考えると，ごく自然な発想となる．

観測値(*)を使って，座標平面上に n 個の点

$$P_1 = (x_1, f(x_1)),\ P_2 = (x_2, f(x_2)),\ \cdots,\ P_n = (x_n, f(x_n))$$

をとってみる．この n 個の点は f のグラフ上にあって，グラフを近似する点となっている．n を大きくしていくと，観測点が増し，観測の精度が上がり，点 $P_1, P_2, \cdots, P_n$ はしだいに間隔が密になり，f のグラフの形をほぼ正確に描くようになってくる．そして $n \to \infty$ のとき，究極的に f のグラフが浮かび上がってくるだろう．その意味で，関数 f は n 次元ベクトル $(f(x_1), f(x_2), \cdots, f(x_n))$ の $n \to \infty$ とした極限を表象していると考えてよいだろう．n 次元ベクトルの大きさ——長さ——(**)の式をそのまま $n \to \infty$ とすると発散してしまう．そのため $\frac{2\pi}{n}$ をかけて $n \to \infty$ とすると，極限としての f の長さが得られることになる．それが f の L^2-ノルムの意味となる．なおこのような有限次元から無限次元への移行は，来週のテーマ"線形性"の中で，述べられることになるだろう．

土曜日
積分的世界

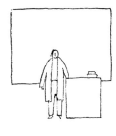

先生の話

木曜日と金曜日の話をふり返ってみましょう．いま $f \in \mathcal{C}^0[-\pi, \pi]$ のフーリエ級数

$$\frac{1}{2}a_0 + \sum_{n=1}^{\infty}(a_n \cos nx + b_n \sin nx)$$

を，前のように正規直交系 $\varphi_0, \varphi_1, \varphi_2, \cdots$ を使って

$$\sum_{n=0}^{\infty}(f, \varphi_n)\varphi_n$$

と表わすことにします．

木曜日では，フェイェールの定理として，適当な三角多項式の系列 $S_1(x), S_2(x), \cdots, S_n(x), \cdots$ をとると

$$\|f - S_n\| \longrightarrow 0 \quad (n \to \infty) \tag{1}$$

となることを示しました．ここで $\|\ \|$ は**一様収束に関するノルム**を表わしています．

ところで前にも述べましたように，1つ1つの連続関数に密着していると考えられるフーリエ級数は一般には収束しません．すなわちある $f \in \mathcal{C}^0[-\pi, \pi]$ をとると，f のフーリエ級数 $\sum(f, \varphi_n)\varphi_n$ は，ある点 $x_0 \in [-\pi, \pi]$ で

$$\varlimsup_N \left|\sum_{n=0}^{N}(f, \varphi_n)\varphi_n(x_0)\right| = +\infty$$

となるものがあります．このような f に対しては，もちろん

$$\varlimsup_N \left\|f - \sum_{n=0}^{N}(f, \varphi_n)\varphi_n\right\| = +\infty \tag{2}$$

となります．(1)と(2)は非常に対照的な形をしています．

金曜日には，**L^2-ノルム**というものを導入しました．(1)に登場した三角多項式 $S_n(x)$ を，正規直交系 $\varphi_0, \varphi_1, \cdots$ を使って

$$S_n(x) = \sum_{k=0}^{n} A_k \varphi_k(x)$$

と書くと，こんどは

$$\left\|f-\sum_{k=0}^{n}(f,\varphi_k)\varphi_k\right\|_2 \leqq \left\|f-\sum_{k=0}^{n}A_k\varphi_k\right\|_2$$

すなわち

$$\left\|f-\sum_{k=0}^{n}(f,\varphi_k)\varphi_k\right\|_2 \leqq \|f-S_n\|_2 \qquad (3)$$

が成り立ちます．

　(1),(2),(3)を見比べてみると，一様収束のノルムで測ったときと，L^2-ノルムで測ったときとで，フーリエ級数の収束のようすがまったく異なったようにみえてくることに気づきます．実際(2)は，一様収束のノルムで測ったときには，三角多項式の中で，時には奔馬のように無限の振幅へと向かって走り出すフーリエ級数を，どう取り扱ってよいかわからない状況を示しています．もっとも金曜日で示したように，fにC^1-級という条件を課すと，fのフーリエ級数の振舞いは穏やかなものとなり，fに一様収束してきます．

　それに反して(3)は，L^2-ノルムで測るときには，こんどは連続関数のフーリエ級数はすべてよく制御されて，フーリエ級数の部分和は三角多項式の中できわ立ってよい性質を示すものとして特徴づけられてくることを示しています．

　確かに，一様収束のノルムで測ることと，L^2-ノルムで測ることは，全然測り方が違うのですね．フーリエ級数は周期が小さくなり，どこまでも細かな振動を繰り返す波を加え合わせていったものですから，いわば区間$[-\pi,\pi]$の各点にわたって絶対収束するのか条件収束するのかもわからない厄介な状況がまき散らされているような級数です．その収束する様相の複雑さが，フーリエ級数にさまざまな関数を表現する可能性を与えたのでしょうが，収束する様相をどの視点で捉えたらよいのかということは，逆に深い問題となって登場してきたのです．L^2-ノルムによる収束の測り方は，それに対して1つの答えを与えたものともいえるでしょう．

　ところでフーリエ級数は，フーリエが最初に取り扱った例のように，1と-1しか値をとらない不連続関数も，ごく自然に表わしてしまいます．このとき現われたフーリエ級数のごく素直な形を見て

いると，フーリエ級数のもつ表現能力は，連続関数という枠を越えてもっと広い関数の領域まで広がっていくものなのかもしれないと思えてきます．しかし，フーリエ級数が本当にそのもつ表現能力を十分発揮できる関数の領域を，どのような契機で見つけ出すことができるでしょう．ここに関数の平均的挙動に注目する積分的世界が展開してきます．今日はこのようなことを背景におきながら，数学の大きな1つの視点を語っていくことにしましょう．

平均2乗収束

これからは区間 $[-\pi, \pi]$ で定義された関数だけを考えるので，関数というときに特に周期性を断らないこともある．

> **定義** $\mathcal{C}^0[-\pi, \pi]$ の関数列 $\{f_1, f_2, \cdots, f_n, \cdots\}$ がある関数 f に対し
> $$\|f_n - f\|_2 \longrightarrow 0 \quad (n \to \infty)$$
> をみたすとき，f_n は f に**平均2乗収束**をするという．

ここで f についてあまりはっきりした条件を書かなかったのは，必ずしも f が連続関数でなくともよいからである．f が有界な積分可能な関数であっても

$$\|f_n - f\|_2^2 = \int_{-\pi}^{\pi} |f_n(x) - f(x)|^2 dx \longrightarrow 0 \quad (n \to \infty)$$

が成り立つならば，私たちは f_n は f に平均2乗収束するという．

さてこの平均2乗収束という言葉を使って，金曜日に述べたことをいい直すと次のようになる．

> **定理** $f \in \mathcal{C}^0[-\pi, \pi]$ のフーリエ級数は f に平均2乗収束する．

すなわち f のフーリエ級数を

$$\frac{1}{2}a_0 + \sum_{n=1}^{\infty}(a_n \cos nx + b_n \sin nx)$$

とし，$s_n(x)$ をこの級数の n 項までとった部分和とすると
$$\|s_n - f\|_2 \longrightarrow 0 \quad (n \to \infty)$$
が成り立つのである．このことは金曜日のパーセバルの等式の途中に現われた(11)を見るとわかる．

したがって平均2乗収束することを記号 $\sim$ を使って表わせば
$$f \sim \frac{1}{2}a_0 + \sum_{n=1}^{\infty}(a_n \cos nx + b_n \sin nx) \qquad (4)$$
と書くことができる．そしてパーセバルの等式はさらにここで
$$\|f\|_2^2 = \frac{\pi}{2}a_0^2 + \pi\left(\sum_{n=1}^{\infty}(|a_n|^2 + |b_n|^2)\right)$$
が成り立つことを保証している．

(4)で $=$ を使えないのは，右辺のフーリエ級数が発散していることもあるからである．それでは平均2乗収束しているということを表わす $\sim$ は，ここで何を意味しているのだろうか．

下に3つの関数 $f_1(x), f_2(x), f_3(x)$ のグラフが書いてある：

$f_1(x)$：連続関数

$f_2(x)$：a, b に不連続点をもつが，それ以外では $f_1(x)$ と一致している．

$f_3(x)$：$a_1, a_2, \cdots, a_6$ に不連続点をもつが，それ以外では $f_1(x)$ と一致している．

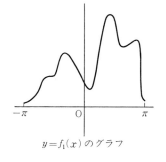
$y = f_1(x)$ のグラフ

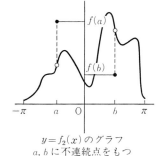
$y = f_2(x)$ のグラフ
a, b に不連続点をもつ

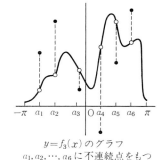
$y = f_3(x)$ のグラフ
$a_1, a_2, \cdots, a_6$ に不連続点をもつ

$f_1(x), f_2(x), f_3(x)$ はそれぞれ異なった関数であるが，$-\pi$ から π まで積分した結果は変わらない．（孤立した1点で値が飛び上がったりする状況は，積分に影響しないのである！）同じ事情で

$$a_n = \frac{1}{\pi}\int_{-\pi}^{\pi} f_1(x)\cos nx\, dx = \frac{1}{\pi}\int_{-\pi}^{\pi} f_2(x)\cos nx\, dx$$

$$= \frac{1}{\pi}\int_{-\pi}^{\pi} f_3(x)\cos nx\, dx \qquad (n=0,1,2,\cdots)$$

$$b_n = \frac{1}{\pi}\int_{-\pi}^{\pi} f_1(x)\sin nx\, dx = \frac{1}{\pi}\int_{-\pi}^{\pi} f_2(x)\sin nx\, dx$$

$$= \frac{1}{\pi}\int_{-\pi}^{\pi} f_3(x)\sin nx\, dx \qquad (n=1,2,\cdots)$$

が成り立つ．したがって $f_1(x)$ も，$f_2(x)$ も，$f_3(x)$ も同じフーリエ級数

$$\frac{1}{2}a_0 + \sum_{n=1}^{\infty}(a_n\cos nx + b_n\sin nx) \qquad (5)$$

を共有していることになる．

♣ 私たちは有界な積分可能な関数に対してもフーリエ係数を用いて，連続関数の場合と同じようにフーリエ級数を考えようとしているのである（94頁参照）．

$f_1(x)$ は連続関数だから (4) が成り立っているが，平均 2 乗収束の定義は積分を用いているから，(4) と同じことはやはり $f_2(x)$，$f_3(x)$ に対しても成り立ってしまうのである．すなわち，フーリエ級数 (5) は $f_1(x)$ にも，$f_2(x)$ にも，$f_3(x)$ にも平均 2 乗収束している．その結果は記号 $\sim$ を用いれば

$$f_i(x) \sim \frac{1}{2}a_0 + \sum_{n=1}^{\infty}(a_n\cos nx + b_n\sin nx) \qquad (i=1,2,3)$$

と表わされるだろう．右辺は同じフーリエ級数だから，確かに $\sim$ は等号 $=$ と違うのである！

平均的挙動

1 つの理論を積分の枠の中でつくっていこうとすると，私たちに見えてくるのは，関数そのものというより，関数の平均的挙動であ

る. 積分の定義式で極限に移る前の形を

$$\frac{f\left(-\pi+\frac{2\pi}{n}\right)+f\left(-\pi+\frac{2\pi}{n}\cdot 2\right)+\cdots+f\left(-\pi+\frac{2\pi}{n}\cdot n\right)}{n}\cdot 2\pi$$

と書いてみると，ここで用いた平均的という言葉の意味がよくわかるだろう．分点 n を増やして平均を算出する場所を増加させていくうちに，有限個のところで起きる突出した不連続など，すべて平均化される過程で吸収されて，最終的な積分の値には何の影響も及ぼさなくなってくるのである．

　積分を通して関数のもつ情報を測ることは，私たちに関数のグラフを少し離れた所から見ているような視点を与えている．この視点に立つと，有限個の点で起きる細かな突出など視界から消えている．積分を使って関数から情報を引き出す限り，$f_1(x)$ も $f_2(x)$ も $f_3(x)$ も私たちに同じ情報しか提供してこない．このような情報からは私たちは $f_1(x), f_2(x), f_3(x)$ を区別するものを見出せないのである．その意味で，積分的見地に立つ限り，$f_1(x), f_2(x), f_3(x)$ はすべて関数として同じものを表わしているといってもよいのである．

　このような見方は，しかし日常的な認識の仕方とかけ離れていると思われる読者も多いかもしれない．しかし似たような認識の方がふつうのこととなっている場合も多いのである．たとえば極端に貧しい国に，数人の大金持がいたからといって，その国が貧困であるという認識が変わるわけではない．もっとよい例としては，皆さんはCDを通して音楽を楽しまれることが多いだろう．1枚のCDはつねに同じ音楽を流していると感じている．しかし実際はそのときどきの電圧の微妙な違いで，詳しく分析すれば正確に同じ音波が流されるなどということは決してないのである．私たちの聴覚はいわば平均化された音の流れだけを聴き分けている．その聴き方は，音波の示す関数のグラフを少し離れたところから見て，大きな流れとしてグラフを捉えているようなものであるといってよいだろう．この認識の仕方は積分的なのである！

　いずれにせよ状況はいまは確かに変わってきている．$f_1(x)$,

$f_2(x), f_3(x)$ を同じ関数と見る見方から，読者はいつしかあれほど堅固であった連続性の概念が薄れていくのを感じられているだろう．

カントル集合

それでは上の例でいえば，連続関数 $f_1(x)$ と有限個の点だけで異なる値をとって不連続性を示す関数だけが，$f_1(x)$ と同じ積分的な情報を共有しているといってよいのだろうか．これに対する答は意外に思われるかもしれないが，実は，もっとはるかに多くの点で $f_1(x)$ と異なる値をとる関数でも，なお同じ積分的な情報を与えるものがあるのである．

それを説明するために，区間 $[0,1]$ に含まれているカントル集合というものについて述べておこう．

区間 $[0,1]$ から，まず開区間

$$\left(\frac{1}{3}, \frac{2}{3}\right)$$

を取り除く．このとき残った部分は区間 $[0,1]$ から真中の $\frac{1}{3}$ の部分がぬけて，2つの区間からなるが，このそれぞれの区間の真中の $\frac{1}{3}$ の部分（長さにして $\frac{1}{3^2}$ の区間）を再び取り除く．すなわちこの第2段階で取り除かれる区間は

$$\left(\frac{1}{3^2}, \frac{2}{3^2}\right) \quad \text{と} \quad \left(\frac{7}{3^2}, \frac{8}{3^2}\right)$$

である．

残されたそれぞれの区間から，また真中にある $\frac{1}{3}$ の部分（長さにして $\frac{1}{3^3}$ の区間）を除く．これは第3段階の操作である．

同様の操作を次から次へと続けていくのだが，この段階での操作は図を見た方がわかりやすい．

区間 $[0,1]$ から，このようにして開区間をどんどん取り除いていったとき，最後まで除かれないで残った点全体のつくる集合を，**カントル集合**というのである．

カントル集合を生成する各段階の操作は図示することはできても，

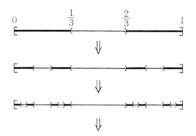

カントル集合そのものは図示することはできない．カントル集合の全体像は私たちの眼には見えないのである．それではカントル集合に属する点は本当にたくさんあるのだろうか？　実はカントル集合は実に多くの点を含んでいる．それは次のことが知られているからである．

> 数直線上の点として，カントル集合に属する実数は，区間 $[0,1]$ の数を3進小数で書き表わしたとき，0と2だけで書き表わされる実数からなっている．

♣　$0 < x \leqq 1$ をみたす x は3進無限小数を用いて

0.1001221111021…　（あるところから先に0だけが続くことはない）

のような形でただ1通りに表わされる．カントル集合に属する数はこの表示で1が現われないような無限小数として表わされる数である．3進数のことを知っている人は，このことはすぐに確かめられるだろう．そのような数は実にたくさんある！

さて本題にもどろう．

いま $f \in \mathcal{C}^0[-\pi, \pi]$ を1つとる．$f(x)$ のとる値をカントル集合に属する各点でまったく勝手な値にとりかえてしまったとしよう．すなわち，もし $y = f(x)$ を音波を示すグラフとすると，カントル集合の各点で雑音が生じ，そこで音波のグラフに乱れが生じたようなケースを想定するのである．このように，カントル集合上で $f(x)$ の値をとりかえて得られた関数を $g(x)$ とする．$g(x)$ はカントル集合上の各点で不連続性を示していると考えてよい——恐るべき音の

乱れ！

それでも $g(x)$ のとる値が有界な範囲におさまっているならば，$g(x)$ は積分可能な関数であることが知られている．したがってこのとき，$g(x)$ に対してもフーリエ係数

$$a_n = \frac{1}{\pi} \int_{-\pi}^{\pi} g(x) \cos nx\, dx \quad (n=0, 1, 2, \cdots)$$

$$b_n = \frac{1}{\pi} \int_{-\pi}^{\pi} g(x) \sin nx\, dx \quad (n=1, 2, \cdots)$$

を考えることができる．ところがこのフーリエ係数は，$f(x)$ のフーリエ係数と一致していることが示されるのである．いわばカントル集合上で発生した雑音は，フーリエ係数には何の影響も与えていない．

したがって，$f(x)$ も $g(x)$ も同じフーリエ級数を共有している．そしてこのフーリエ級数は，平均2乗収束という積分を用いて平均変動の近づきを測る測り方では，$f(x)$ にも，また $g(x)$ にも近づいている．このことは，フーリエ級数という正確な音符で書かれた調べを，"平均2乗収束"という過程を通してステレオで聞けば，$f(x)$ も $g(x)$ も同じ調べとして聞こえてくるといってよいのかもしれない．

零集合

カントル集合は，いかにも特殊な集合である．このカントル集合上に発生した雑音は，少なくとも積分的立場に立つ限り，フーリエ級数の理論の展開にあまり影響ないと話したことは，もちろんもっと一般的な状況でも成り立つということである．そのため零集合という概念を導入しよう．

> **定義** 区間 $[-\pi, \pi]$ に含まれる集合 S が，次の性質をみたすとき，S を零集合という．
> どんな小さい正数 ε をとっても，区間の系列 $[a_1, b_1]$, $[a_2,$

> $b_2], \cdots, [a_k, b_k], \cdots$ を見つけて
> （ i ）$S \subset [a_1, b_1] \cup [a_2, b_2] \cup \cdots \cup [a_k, b_k] \cup \cdots$
> （ ii ）$\sum_{n=1}^{\infty} (b_n - a_n) < \varepsilon$
> をみたすようにできる．

要するに S は，小さい小さい傘——しかし無限個の傘——$[a_1, b_1], [a_2, b_2], \cdots$ でおおうことができる集合なのである．傘の幅の総和を ε 以下にできるということは，視覚的に S を数直線上のある部分を占めているようには描けないことを示唆している．（なお，(i)で現われる区間 $[a_k, b_k]$ の中には空集合が入っていてもよい．そのときには(ii)の中で対応する部分を和から除いておく．）

前に述べたカントル集合は，零集合の例となっている．実際，カントル集合の構成をみると，カントル集合は

第 1 段階では $\left[0, \dfrac{1}{3}\right] \cup \left[\dfrac{2}{3}, 1\right]$ でおおわれ，この長さの総計 $\dfrac{2}{3}$

第 2 段階で $\left[0, \dfrac{1}{3^2}\right] \cup \left[\dfrac{2}{3^2}, \dfrac{3}{3^2}\right] \cup \left[\dfrac{6}{3^2}, \dfrac{7}{3^2}\right] \cup \left[\dfrac{8}{3^2}, 1\right]$ でおおわれ，この長さの総計 $\left(\dfrac{2}{3}\right)^2$

第 n 段階では $\left[0, \dfrac{1}{3^n}\right] \cup \left[\dfrac{2}{3^n}, \dfrac{3}{3^n}\right] \cup \cdots \cup \left[\dfrac{3^n - 1}{3^n}, 1\right]$ でおおわれ，この長さの総計 $\left(\dfrac{2}{3}\right)^n$

となっている．$n \to \infty$ とすると $\left(\dfrac{2}{3}\right)^n \to 0$ となるから，カントル集合は零集合である．

この零集合という概念によって，次のような定理の定式化が可能となってくる．

> **定理** S を区間 $[-\pi, \pi]$ に含まれている零集合とする．$f \in \mathcal{C}^0[-\pi, \pi]$ と，S に属する点以外では連続で有界な関数 $\varphi(x)$ があって
> $$x \notin S \quad \text{ならば} \quad f(x) = \varphi(x)$$
> とする．このとき次のことが成り立つ．
> （ i ）$\varphi(x)$ は積分可能な関数である．

> （ⅱ） $f(x)$ と $\varphi(x)$ のフーリエ級数は一致している．
> （ⅲ） このフーリエ級数は $f(x)$ にも $\varphi(x)$ にも平均2乗収束している．

(ⅱ)でいっていることは，$f(x)$ と $\varphi(x)$ のフーリエ係数は一致し，したがって同じフーリエ級数

$$\frac{1}{2}a_0 + \sum_{n=1}^{\infty}(a_n \cos nx + b_n \sin nx)$$

をもつということである．(ⅲ)はフーリエ級数の n 項までの部分和を s_n とすると

$$\|f-s_n\|_2^2 = \|\varphi-s_n\|_2^2 = \int_{-\pi}^{\pi}|\varphi(x)-s_n(x)|^2 dx$$

が成り立つことと，121頁に述べた定理からの結論である．

この定理は，前のたとえのようにいえば，要するに連続関数の雑音発生源として零集合程度のものなら許容できるということである．しかし定理の証明はこの本の中ではできない．それはこれから触れるもう少し大きい理論構成——ルベーグ積分の理論——を必要とするからである．（志賀『ルベーグ積分30講』（朝倉書店）第15講参照）

積分的世界における完備性

このような積分的世界を数学の中の形式として完成させるために，20世紀になってルベーグ積分とよばれる新しい積分の考えが導入されることになった．この積分論そのものについては，たとえばすぐ上に引用した本を参照していただくことにして，ここでは私たちのいままでの話の流れの中でその考えの基本的な部分を話してみることにしよう．

近さとか，近づくという考えに根ざした数学の概念が現われたとき，それを完結した閉じた体系の中に組みこんで，その概念の働く場所を明確にするために，私たちはいままで完備性という考えを使

ってきた．完備性とは一言でいえば，"コーシー列は必ず収束する"という性質である．ここでこれまでの私たちの話の中に登場してきた完備性の例を挙げておこう．

実数は，2つの実数 a, b の距離を $|a-b|$ で測ったとき完備である．

閉区間 $[a,b]$ 上で定義された連続関数の集合 $C^0[a,b]$ は，$f, g \in C^0[a,b]$ の距離を

$$\|f-g\| = \operatorname*{Max}_{a \leq x \leq b} |f(x)-g(x)|$$

で測ったとき，完備である（一様収束による近さ）．

閉区間 $[a,b]$ 上で定義された C^k-級の関数の集合 $C^k[a,b]$ は，$f, g \in C^k[a,b]$ の距離を

$$\|f-g\|^{(k)} = \|f-g\| + \|f'-g'\| + \cdots + \|f^{(k)}-g^{(k)}\|$$

で測ったとき完備である（62頁参照）．

閉区間 $[a,b]$ 上で定義された C^∞-級の関数の集合 $C^\infty[a,b]$ は，$f, g \in C^\infty[a,b]$ の距離を

$$\|f-g\|^{(\infty)} = \sum_{k=0}^{\infty} \frac{\|f^{(k)}-g^{(k)}\|}{1+\|f^{(k)}-g^{(k)}\|}$$

で測ったとき完備である（78頁参照）．

このようにみてくると，2つの関数の平均的変動を測った積分的な近さでも，やはり完備性が求められてくるだろう．これからその話に入っていくことにしよう．

いままでの話の流れを継承するために，$\mathcal{C}^0[-\pi, \pi]$ から出発する．すでに積分を用いて L^2-ノルムを導入してあるが，完備性の問題を取り上げるには関数を2乗してからノルムを考えることは少し間接的である．もっと直接的に平均的な変動を測るものとして，私たちは新たに，$f \in \mathcal{C}^0[-\pi, \pi]$ に対し

$$\|f\|_1 = \int_{-\pi}^{\pi} |f(x)| dx$$

とおき，$\|f\|_1$ を f の **L^1-ノルム** ということにする．この L^1-ノルムを用いて，f と g の距離を

$$\|f-g\|_1 = \int_{-\pi}^{\pi} |f(x)-g(x)|dx \tag{6}$$

で測ることにし，このコーシー列を問題とすることにしよう．

f と g の距離を(6)で測るということは，グラフでいえば，図のカゲをつけた部分の面積を測っているということになる．

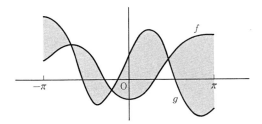

したがって $\mathscr{C}^0[-\pi,\pi]$ の系列 $f_1, f_2, \cdots, f_n, \cdots$ がコーシー列をつくっていて，

$$\|f_m - f_n\|_1 \longrightarrow 0 \quad (m, n \to \infty)$$

をみたしているといっても，$n \to \infty$ のとき，f_n は連続関数に収束しないこともあるし（図A），あるいはある点 x_0 で $f_n(x_0) \to +\infty$ となることもある（図B）．

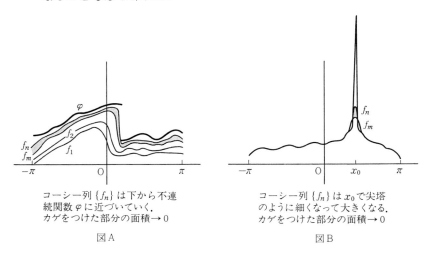

コーシー列 $\{f_n\}$ は下から不連続関数 φ に近づいていく．
カゲをつけた部分の面積→0

図A

コーシー列 $\{f_n\}$ は x_0 で尖塔のように細くなって大きくなる．
カゲをつけた部分の面積→0

図B

実際は次のことが成り立つことが知られている．

> (#) $f_n \in \mathcal{C}^0[-\pi, \pi]$ $(n=1, 2, \cdots)$ がコーシー列をつくっているとする：
> $$\|f_m - f_n\|_1 \longrightarrow 0 \quad (m, n \to \infty)$$
> このとき，区間 $[-\pi, \pi]$ のある零集合 S が存在して，$x \notin S$ に対しては，$f_n(x)$ は $n \to \infty$ のときある実数値に収束する．

この収束する値を $\varphi(x)$ とおくと，$x \notin S$ のとき
$$f_n(x) \longrightarrow \varphi(x) \quad (n \to \infty)$$
となる関数 $\varphi(x)$ を求めたことになるが，$x \in S$ のときの $\varphi(x)$ の値はまだわかっていない．しかし前のたとえを思い出して，S 上では雑音が発生して，それがどんな雑音であったとしても，私たちはそれを無視するし，また無視できるという立場をとることにしよう．そうすれば，たとえば S 上で $\varphi(x) = 0$ としてしまえば，$\varphi(x)$ は区間 $[-\pi, \pi]$ で定義された関数になる．もちろん関数 φ を決めるために，S 上では $\varphi(x)$ に何かある別の値をとらせてもよいのである．零集合 S 上でとる値は無視するというこの立場を徹底すると，次の定義となる．

> **定義** 区間 $[-\pi, \pi]$ 上で定義された 2 つの関数 φ と ψ が，ある零集合 S でとる値を除くと，つねに $\varphi(x) = \psi(x)$ が成り立つとき，φ と ψ はほとんどいたるところ等しいという．

そして積分的な立場に立つ限り

> ほとんどいたるところ等しい関数は，同じ関数と見なす．

とするのである．

L^1-ノルムによる完備化

この大胆な約束は，いわば積分的世界の大きな枠組みの中で，無視することのできる雑音の発生源を，零集合として特定したことを意味している．しかしこの代償として，この約束にしたがう限り，

私たちは関数 $f(x)$ といっても，$x=x_0$ のときの関数の値を考えることができなくなってしまうのである．なぜかというと，x_0 だけで $f(x)$ と異なる値をとる関数 $g(x)$ をとっても，1 点 x_0 だけからなる集合は零集合だから，上の約束にしたがえば，$f(x)$ も $g(x)$ も同じ関数となり，$f(x_0)$ の値を考えるのか，$g(x_0)$ の値を考えるのかはっきりしなくなるからである．

しかし各点での値を特定することはできなくとも，$f(x)$ から取り出される積分量も，$f(x)$ と零集合の上では値が違う関数 $g(x)$ から取り出される積分量もすべて等しい，ということを保証する積分論があり，それがルベーグ積分とよばれるものである．ルベーグ積分は，積分的な見方に立つ数学の世界をひとまず完結させてしまった．その世界では，測られる量はすべて積分を通してであり，そこでは f と g は確かに等しい関数とみてよいのである．

これからこの積分論がどのように構成されるか，その 1 つの道筋をかんたんに記してみよう．それは有理数から実数を構成するのに，有理数のつくるコーシー列を考え，そのコーシー列が究極的にたどりつく点が存在すると考え，それを 1 つの実数としたことに似ている．私たちは (♯) に注目することにしよう．それによると，$\mathcal{C}^0[-\pi, \pi]$ の L^1-ノルムによるコーシー列 $\{f_n\}$ に対して次のことが成り立つ．ある零集合 S でとる値を除くと，$f_n(x)$ は，$n \to \infty$ のときある関数 $\varphi(x)$ に収束している．このとき，もし (S 以外の点 x で) $\varphi(x) \geqq 0$ となっているときに

$$\int_{-\pi}^{\pi} \varphi(x) dx = \lim_{n \to \infty} \|f_n\|_1$$

とおき，これを $-\pi$ から π までの φ の積分と定義する．そしてこの積分の値を，ノルムの記号を使って $\|\varphi\|_1$ とも表わす．$\varphi(x)$ はどんな不連続性をもっている関数かなどということは問題としていない．私たちがよく知っている連続関数から φ に近づく道は，ただ積分の値を通してだけなのである．（だが，実際はこのとき (♯) が成り立って，ある零集合を除けば $f_n(x)$ は $\varphi(x)$ に収束しているのである．）

φ が正，負の値をとるときには
$$\varphi^+(x) = \mathrm{Max}(\varphi(x), 0), \quad \varphi^-(x) = \mathrm{Max}(-\varphi(x), 0)$$
とおくと，$\varphi^+ \geqq 0$, $\varphi^- \geqq 0$ で，$\varphi = \varphi^+ - \varphi^-$ となる．このとき
$$\int_{-\pi}^{\pi} \varphi(x)dx = \int_{-\pi}^{\pi} \varphi^+(x)dx - \int_{-\pi}^{\pi} \varphi^-(x)dx$$
$$\|\varphi\|_1 = \|\varphi^+\|_1 + \|\varphi^-\|_1$$
とおくのである．

♣ 実数の場合を考えてみると，1つの実数に近づく有理数列はいろいろある．たとえば左から近づいてもよいし，右から近づいてもよい．同じように L^1-ノルムのコーシー列 $\{f_n\}, \{g_n\}$ が同じ関数に近づくという状況も考えておかなくてはならない．この状況は
$$\|f_m - g_n\|_1 \longrightarrow 0 \quad (m, n \to \infty)$$
で与えられる．このときある零集合 S_1, S_2 があって $f_n(x) \to \varphi(x)$ ($x \notin S_1$), $g_n(x) \to \psi(x)$ ($x \notin S_2$) となるが，$\varphi(x)$ と $\psi(x)$ は，ある零集合 S でとる値を除くと，やはり $\varphi(x) = \psi(x)$ となっているのである．

このようにして，$\mathcal{C}^0[-\pi, \pi]$ の L^1-ノルムによるコーシー列 $\{f_n\}$ から出発して，上の意味でその極限として得られる関数をすべて考えることを，$\mathcal{C}^0[-\pi, \pi]$ の L^1-ノルムによる**完備化**という．

これによって，私たちが考える関数の範囲は，連続関数を含んで果てしないほど広がることになった．それは数の範囲が，有理数から実数へと広がったようすに似ている．この関数全体のつくる空間を $L^1[-\pi, \pi]$ と表わす．$L^1[-\pi, \pi]$ に属する関数を**ルベーグ可積分関数**というのである．上に述べたように，$\varphi \in L^1[-\pi, \pi]$ に対して，積分
$$\int_{-\pi}^{\pi} \varphi(x)dx$$
を考えることができる．これを φ の**ルベーグ積分**という．

$L^1[-\pi, \pi]$ は，この積分から導かれるノルムに関し，完備となっている．すなわち $L^1[-\pi, \pi]$ の中に系列 $\varphi_1, \varphi_2, \cdots, \varphi_n, \cdots$ があって

$$\|\varphi_m - \varphi_n\|_1 = \int_{-\pi}^{\pi} |\varphi_m(x) - \varphi_n(x)| dx \longrightarrow 0 \quad (m, n \to \infty)$$

をみたすならば，必ずある $\varphi \in L^1[-\pi, \pi]$ が存在して

$$\|\varphi_n - \varphi\|_1 \longrightarrow 0 \quad (n \to \infty)$$

となる．

この意味で，$L^1[-\pi, \pi]$ という空間の導入によって，積分的世界はそこに完結する場所を見出したのである．

$L^2[-\pi, \pi]$

しかし，フーリエ級数が積分的な見方ともっともよく整合するのは，$L^1[-\pi, \pi]$ ではなく，$L^2[-\pi, \pi]$ という空間の中である．$L^2[-\pi, \pi]$ は次のように定義される：

$$L^2[-\pi, \pi] = \left\{ f \,\middle|\, f \in L^1[-\pi, \pi] \text{ で } \int_{-\pi}^{\pi} |f(x)|^2 dx < +\infty \right\}$$

このとき，$L^2[-\pi, \pi]$ の中にはいままで $\mathscr{C}^0[-\pi, \pi]$ の中で用いていた L^2-ノルムが自然に拡張されて，$f, g \in L^2[-\pi, \pi]$ に対し，このノルムで考えた距離

$$\|f - g\|_2 = \sqrt{\int_{-\pi}^{\pi} |f(x) - g(x)|^2 dx}$$

を導入することができる．

実は，$L^2[-\pi, \pi]$ はこのノルムに対して完備となっている．すなわち，$L^2[-\pi, \pi]$ の中からコーシー列 $\{f_n\}$ をとったとしよう．そうすると $\{f_n\}$ は

$$\|f_m - f_n\|_2 \longrightarrow 0 \quad (m, n \to \infty)$$

をみたしているが，このとき必ずある $\varphi \in L^2[-\pi, \pi]$ が存在して

$$\|f_n - \varphi\|_2 \longrightarrow 0 \quad (n \to \infty)$$

となっている．

一方，どんな $f \in L^2[-\pi, \pi]$ をとっても，L^2-ノルムの意味では，f は，$\mathscr{C}^0[-\pi, \pi]$ の関数によって近似していくことができるのである．

したがって $L^2[-\pi,\pi]$ は，$\mathcal{C}^0[-\pi,\pi]$ を L^2-ノルムで完備化することによって得られる空間であると考えることもできるのである．

$L^2[-\pi,\pi]$ に属する関数 $f(x)$ に対しても

$$a_0 = \frac{1}{\pi}\int_{-\pi}^{\pi} f(x)dx$$

$$a_n = \frac{1}{\pi}\int_{-\pi}^{\pi} f(x)\cos nx\, dx$$

$$b_n = \frac{1}{\pi}\int_{-\pi}^{\pi} f(x)\sin nx\, dx$$

$(n=1,2,\cdots)$

とおくことにより，フーリエ係数を定義し，$f(x)$ のフーリエ級数

$$\frac{1}{2}a_0 + \sum_{n=1}^{\infty} a_n \cos nx + \sum_{n=1}^{\infty} b_n \sin nx$$

を考えることができる．

このフーリエ級数は，L^2-ノルムの意味で f に収束している．このことは，f がとくに連続関数で，$f \in \mathcal{C}^0[-\pi,\pi]$ のときにはすでに証明してあったが，この L^2-ノルムに関しての近似の結果は，L^2-ノルムで完備化した $L^2[-\pi,\pi]$ にもそのまま引き継がれて，同様の結果が成り立つのである．

同様に，パーセバルの等式も，完備化した $L^2[-\pi,\pi]$ にまで引き継がれ，フーリエ係数を用いて表わすと

$$\|f\|_2^2 = \pi\left(\frac{1}{2}a_0^2 + \sum_{n=1}^{\infty} a_n^2 + \sum_{n=1}^{\infty} b_n^2\right)$$

が成り立つことがわかる．したがってとくに $f \in L^2[-\pi,\pi]$ に対し

$$\frac{1}{2}a_0^2 + \sum_{n=1}^{\infty} a_n^2 + \sum_{n=1}^{\infty} b_n^2 < +\infty \qquad (7)$$

が成り立つ．

逆に実数列

$$a_0,\ a_1,\ a_2,\ \cdots,\ a_n,\ \cdots\ ;\ b_1,\ b_2,\ \cdots,\ b_n,\ \cdots$$

が，(7)という条件をみたしているとしよう．このとき $n=1,2,\cdots$ に対し，三角多項式

$$s_n(x) = \frac{1}{2}a_0 + \sum_{k=1}^{n} a_k \cos kx + \sum_{k=1}^{n} b_k \sin kx$$

をつくると，この三角多項式の系列は L^2-ノルムの意味でコーシー列をつくり，したがってある $\varphi \in L^2[-\pi, \pi]$ が存在して

$$s_k(x) \longrightarrow \varphi(x) \quad (L^2\text{-ノルムで}) \qquad (8)$$

となる．この $\varphi(x)$ は，$L^2[-\pi, \pi]$ の中で，フーリエ級数として

$$\varphi(x) = \frac{1}{2}a_0 + \sum_{n=1}^{\infty} a_n \cos nx + \sum_{n=1}^{\infty} b_n \sin nx$$

と表わされることになる．もっともここで等号を用いたのは，(8)が成り立つという意味である．

このようにして，それはあくまで積分的な景観の中においてであるが，フーリエ級数は $L^2[-\pi, \pi]$ という空間の中で，ひとまず完全に捉えられたのである．

歴史の潮騒

フーリエ級数の理論にとって，積分概念が本質的なものであるということは，すでにリーマンが1854年の資格論文（月曜日 "歴史の潮騒" 参照）の中で十分見抜いていたことであったが，そこから零集合の概念を通し，ルベーグ積分へと結晶し，そこに明確な積分的世界を形づくるまでには，約50年の歳月を要したのである．

この50年の経過がどのようなものであったかを，かんたんに振り返ってみよう．リーマンによって確立された積分の理論をさらに推し進めるためには，もう一度積分を面積概念として捉える試みを経由する必要があった．その契機は1880年代からカントルによって平面上の点の集りに対して，それまでの数学の枠の中では考えられなかったような新しい立場に立つ点集合論が展開されたことによって与えられた．漠然としていた図形の概念が，点集合として数学者の前に提示されたことによって，平面の点集合はどんなときに面積をもつのか，また面積とはどのように定義すべきものなのか，という問題意識が生じてきたのである．

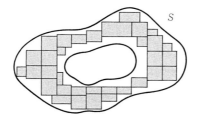
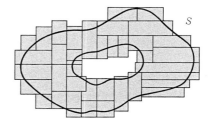

Sの内部から長方形でおおう　　　　Sを外部から長方形でおおう

　それに対する一応の解答は，1892 年にジョルダンによって『定積分に関する注意』と題する論文で与えられた．ジョルダンは，平面上の有界な点集合 S を，内部と外部から，有限個の長方形を用いて，タイルを敷きつめるようにしておおっていくことを考えたのである．内部にタイルを敷きつめた部分の面積は，もし S に面積があるとすれば S の面積よりは小さい値となるだろう．また外部にタイルを敷きつめた部分の面積は，もし S の面積があるとすればそれよりは大きい値となるだろう．ここで長方形——タイル——をどんどん小さいものにおきかえていくと，内部のタイル部分の面積はしだいに増加してくる．その極限値をジョルダンは S の "内面積" とよんだ．同じようにタイルをどんどん小さいものにおきかえていったときの，外部のタイル部分の面積の極限値を S の "外面積" とよんだ．そしてジョルダンは，内面積と外面積が一致するとき，S は面積確定であるといい，この共通の値を S の面積と定義したのである．

　しかしこれは解析学の立場でみれば，まだ十分なものではなかった．ジョルダンの面積の定義の仕方は，長方形を線分でおきかえれば，数直線上にある点集合の "長さ" の定義を与えることに役立つだろう．だが，そうやって長さの定義を与えてみると，区間 $[-\pi, \pi]$ に含まれる有理数を表わす点全体の集合 Q は，長さを測れない集合となっていることが判明するのである．

　ところがこの有理数の集合 Q は，私たちの話の中にたびたび登場してきた零集合になっている．ジョルダン流の長さの測り方では，Q の長さは 0 であるといえないのである！

零集合の概念は，1894年にエミール・ボレルによって最初に導入された．零集合の概念にみられる新しさは，無限個の区間でおおって，その小ささを測ってみるという点にあった．実際，測るといっても，これは現実的なプロセスによって測るということを意味しないのである．なぜかというと，無限個の区間でおおうなどということは，私たちに許されている有限回の幾何学的な操作では不可能だからである．零集合の概念の導入は，面積概念が幾何学的な直観を離れて，解析的な概念へと変わってきたことを意味している．積分概念の基盤にあった古くからの面積概念もまた解析的なものとして理解し，把握するように数学内部からの要求が高まってきたのである．

ボレル自身は，平面上の点集合を測るのに，有限個の長方形ではなく，互いに重ならない長方形の系列——無限個のタイル！——を用いることにした．互いに重ならない長方形で"敷きつめられる"集合の面積は，それらの無限個の長方形の面積の和——級数としての和——と定義したのである．これにより面積の概念は飛躍的に拡大し，解析学にふつうに現われる開集合や閉集合はこのような意味ではいつでも面積が測られるようになった．開集合から出発して，ボレルは，順次面積をもつ集合列の和集合，共通集合をとっていくことにより，面積をもつ集合を特定していこうとした．このような集合演算を用いて段階的に面積をもつ集合を見定めようとする考え方には，カントルの思想からの強い影響がみられる．しかし，この構成的に築き上げていく面積をもつ集合の中に，不思議なことに，ボレル自身の導入した零集合は一般には含まれないのである．零集合の面積は0であるとは，この段階ではまだ一般にはいえないのである．

しかし，無限個のタイルでおおうという基本的な発想自身が，一般的にはある意味ですでに構成的でない以上，そこにむしろ徹底することによって，1つの積分論が生まれてくる可能性はある．それを実際遂行したのがルベーグであった．ルベーグは，1902年の卒業論文の中でその考えを明らかにした．ルベーグは，本質的にはジ

ョルダンの面積の考えで，有限個のタイルを用いるところを，最初から無限個のタイルを用いると変えることによって，さらに広い範囲の集合まで面積をもつと考えることができるようにしたのである．ルベーグの意味で面積をもつ集合を，ルベーグ可測な集合という．零集合はルベーグ可測な集合であり，その面積は0となる．

　このルベーグ可測という概念の上に築き上げられた積分論がルベーグ積分論とよばれているものであるが，それは完成した上で見直せば，連続関数の空間をL^1-ノルムで完備化したところで得られる積分論であるといってもよかったのである．

　ルベーグ積分は，もともと極限概念に根ざしそこから出発した積分論であったから，解析学に現われる種々の極限操作にもよく融和し，解析学を総合させるような働きを示すようになった．ルベーグ積分は，"ほとんどいたるところ等しい"という画期的な考えを導入した．それは関数概念の意味を問うような深いものであったが，20世紀数学はルベーグ積分を直ちに受け入れ，1910年代にはL^1-空間や，L^2-空間などの関数空間を導入することにもなったのである．

先生との対話

　積分的な見方が，数学をどんどん広い世界へと導いていくようすをみて，皆はいつの間にか，沖合にまで船を出し，そこから陸地を眺めているような気分になっていた．

　山田君が質問した．

　「関数$f(x)$のフーリエ級数

$$\frac{1}{2}a_0 + \sum_{n=1}^{\infty} a_n \cos nx + \sum_{n=1}^{\infty} b_n \sin nx$$

について，fが$L^2[-\pi, \pi]$に属しているときには，パーセバルの等式から

$$\frac{1}{2}a_0^2 + \sum a_n^2 + \sum b_n^2 < +\infty \qquad (9)$$

が成り立つことを知りました．逆に $L^2[-\pi,\pi]$ の完備性からフーリエ係数に関するこの性質があると，f が $L^2[-\pi,\pi]$ に属していることが保証されるのですね．

しかし積分のノルムということからいえば，ぼくは L^2-ノルムより L^1-ノルムの方が自然だと思います．関数列 $\{f_n\}$ が L^1-ノルムである関数 f に近づくということは，f_n のグラフと f のグラフの面積の差が 0 に近づくことですから，近づくという意味がよくわかります．ところで $L^1[-\pi,\pi]$ に属する関数 f に対しても，やはり $f(x)\cos nx$, $f(x)\sin nx$ を $-\pi$ から π まで積分することにより，フーリエ係数を定義することができますから，f のフーリエ級数も考えられると思います．このフーリエ級数についてはどんなことが知られているのですか．」

「先生も詳しいことは知りませんが，$L^1[-\pi,\pi]$ に属する関数の中には，そのフーリエ級数が実に複雑な様相を示すものもあって，一般的な結果を導くことはほとんど不可能なようです．たとえばコルモゴロフは，$L^1[-\pi,\pi]$ の中には，各点 x で，フーリエ級数が発散するような関数が，あることを示しました．実際は，フーリエ級数の n 項までの部分和を $s_n(x)$ とすると $\overline{\lim}|s_n(x)|=\infty$ となる例をつくったのです．このような関数に対しては，そのフーリエ級数は関数の性質を何も表わしていないといってよいでしょう．つまり，関数の範囲を $L^1[-\pi,\pi]$ まで広げてしまうと，一般にはフーリエ級数は関数を表現する力を失ってしまうのです．」

明子さんは，ノートの前の方を読み直していたが，ふと思いついたことがあるように顔を上げて質問した．

「先生は，木曜日にたとえ $f(x)$ が連続関数でも，ある点 x_0 でそのフーリエ級数が発散するような例があると話されました．しかし，連続関数はもちろん $L^2[-\pi,\pi]$ に属していますから，フーリエ級数は平均 2 乗収束の意味では f に近づいているわけですね．(9) が成り立っているのにフーリエ級数がある点で発散するなど私には信じがたいことに思えますが．きっと発散する点の近くでは $\cos nx$, $\sin nx$ の振動がひき起こす予想もつかないような複雑な状況が起

きているのでしょうね．私が先生にお聞きしたいのは，平均的な変動の状況ではなくて，各点xでの値を見たときに，このような連続関数に対して，フーリエ級数はどの程度もとの関数に対する情報を与えているのでしょうか．」

「明子さんの質問は，実はデュ・ボワ・レイモンの問題とよばれてきた大問題へとつながるのです．デュ・ボワ・レイモン（Du Bois Reymond）という数学者は，1876年に，最初に明子さんの話にあったような連続関数のフーリエ級数の例をつくった人です．その大問題というのは，「連続関数$f(x)$のフーリエ級数は，ある零集合を除けば，必ず$f(x)$に収束するか？」と述べられるものです．この問題には，連続性という性質と，ある場合にはまったく押えのきかなくなるフーリエ級数の複雑な発散の状況と，零集合という，互いに結びつきにくい3つのことが絡んでいます．この問題の解明は，20世紀前半にフーリエ級数の理論を深く掘り下げていくことになりましたが，結局1960年代になって，もう少し一般的な問題設定のもとで，肯定的に解決されたのです．明子さんの質問に答える形でいい直せば，連続関数のフーリエ級数は，ほとんどいたるところでもとの連続関数を表現しているのです．」

問　題

[1] 数直線上で，区間$[0,1]$にある有理数（を表わす点）の全体は，零集合であることを示しなさい．

[2] $f, g \in L^2[-\pi, \pi]$に対して次のことが成り立つことを示しなさい．
(1) $(f, g) = \dfrac{1}{4}(\|f+g\|^2 - \|f-g\|^2)$
(2) f, gのフーリエ係数を，それぞれ$a_m, b_n ; a_m', b_n'$ ($m=0,1,2,\cdots$; $n=1,2,\cdots$)とすると
$$\frac{1}{\pi}\int_{-\pi}^{\pi} f(x)g(x)dx = \frac{a_0 a_0'}{2} + \sum_{n=1}^{\infty}(a_n a_n' + b_n b_n')$$

お茶の時間

質問 今日のお話で，積分的見方を徹底すれば，積分することによって取り出される値がすべて等しいような2つの関数は，同じ関数と考えてよいのではないかという考え方が示されたことはぼくには本当に驚くような新鮮さでした．しかしこのようにして，ほとんどいたるところ等しい関数を等しいものと考える立場をとると，微分の考えが入る余地がなくなるのではないでしょうか．なぜかというと，微分は1点の近くの値を完全に知ることが必要だからです．

答 確かに君のいう通りで，ほとんどいたるところ等しいなどという考え方では，微分という概念を捉えることはできないといってよい．微分と積分はここにきて，互いにまったく別の道を歩み出してきたようにみえる．20世紀前半は，積分的見方が急速に浸透し，この見方に立つ数学が，抽象数学とよばれる数学の流れに乗りながら発展していくことになった．この流れの中で"ほとんどいたるところ等しい"というような関数概念は，関数本来のもつ具体的な対応という考えを薄め，むしろ関数を抽象的な枠組みの中でみるような見方を強めることになったようである．

しかし，1950年代になって，状況はまた大きく変わり，積分的な世界の中に，微分がごく自然な形で取りこまれることになったのである．それはシュワルツによる超関数の理論が登場してきたからであり，積分のもつ包容力は，この理論の中では微分まで包みこんでしまったようにみえる．

この超関数の理論が生まれるには，積分的世界を別の方向から見る新しい明確な視点が必要であった．その視点は"線形性"とよばれるある普遍的な性質で与えられた．これについては，来週少し話すことにする．

日曜日

一様分布

無理数の示す不規則性の中の規則性

$\sqrt{2}$ は無理数である．したがって $\sqrt{2}$ を小数展開して
$$\sqrt{2} = 1.41421356237309\cdots \quad (1)$$
と表わすと，この … の先は決して循環するようなことはなく，誰も最後まで見届けたことのない不規則な数の配列が続いていくことになる．

自然対数の底 e もまた無理数である．したがって e の小数展開
$$e = 2.71828182845904\cdots$$
についても同様のことがいえる．この不規則性の中から，何かある規則性を見出すことができるだろうか．

いま，$\sqrt{2}$ を 2 倍, 3 倍, 4 倍, … して得られる数列
$$\sqrt{2},\ 2\sqrt{2},\ 3\sqrt{2},\ 4\sqrt{2},\ \cdots \quad (2)$$
を考えることにする．これらの数を小数で表わしてみると，たとえば
$$2\sqrt{2} = 2.828427\cdots,\quad 3\sqrt{2} = 4.242640\cdots$$
$$4\sqrt{2} = 5.656854\cdots,\quad \cdots,\quad 15\sqrt{2} = 21.213203\cdots$$
のようになっている．私たちは，ここに現われる小数点以下の数に注目することにしよう．そうすると数列(2)から

$\sqrt{2}$	$2\sqrt{2}$	$3\sqrt{2}$	$4\sqrt{2}$	$\cdots$	$15\sqrt{2}$	$\cdots$
⇓	⇓	⇓	⇓		⇓	
$0.414\cdots$	$0.828\cdots$	$0.242\cdots$	$0.656\cdots$	$\cdots$	$0.213\cdots$	$\cdots$ (3)

のような新しい数列(3)が得られる．ガウス記号 $[x]$ を使うことにすれば数列(3)の一般項は
$$n\sqrt{2} - [n\sqrt{2}]$$
と表わされる．

♣ ガウス記号 $[x]$ とは，任意の実数 x に対して
$$n \leq x < n+1$$
をみたす整数 n を対応させる記号である．$[x] = n$, $x > 0$ のときには，$[x]$ は x を小数展開したときの整数部分を表わしている．

n をどんどん大きくすると，数列 (3) は，(1) の小数展開のずっと先の方，いわば … と表わされている部分の影響を，小数点以下 1 位とか 2 位のところで示すようになってくる．

自然対数の底 e に対して同じように，$n = 1, 2, \cdots$ に対し，ne の小数点以下の数を取り出して数列

$$e - [e], \ 2e - [2e], \ 3e - [3e], \ \cdots, \ ne - [ne], \ \cdots \quad (4)$$

を考えることができる．

以下に示した数表は (3), (4) の数列を 30 項まで，小数点以下 6 桁までとって表わしたものである．これを見ても眼がチカチカするだけで，ここからどのようなことを推論しようとしているのか，見当がつかないかもしれないが，それでもこの数列の不規則さだけは一目瞭然としている．

n	$n\sqrt{2}$ の小数部分	ne の小数部分	n	$n\sqrt{2}$ の小数部分	ne の小数部分
1	0.414213	0.718281	16	0.627417	0.492509
2	0.828427	0.436563	17	0.041630	0.210791
3	0.242640	0.154845	18	0.455844	0.929072
4	0.656854	0.873127	19	0.870057	0.647354
5	0.071067	0.591409	20	0.284271	0.365635
6	0.485281	0.309690	21	0.698484	0.083918
7	0.899494	0.027972	22	0.112698	0.802200
8	0.313708	0.746254	23	0.526911	0.520482
9	0.727922	0.464536	24	0.941125	0.238763
10	0.142135	0.182818	25	0.355339	0.957045
11	0.556349	0.901100	26	0.769552	0.675327
12	0.970562	0.619381	27	0.183766	0.393609
13	0.384776	0.337663	28	0.597979	0.111891
14	0.798989	0.055945	29	0.012193	0.830173
15	0.213203	0.774227	30	0.426406	0.548454

ところが，この数値をもとにして，(3) と (4) の数列を区間 $[0, 1]$ 上に，30 項まで記してみると次頁の図のようになっている．この図を見ると，こんどは，(3) と (4) の数列は不規則ではあるが，あるところに凝集するような不規則さは示していないことに気がつく．(3) と (4) は全然異なる数列であるが，30 項までとった点の配列を図で見ると，これらの点は 0 と 1 の間にほぼ均等に配置されていて，2 つの数列はほとんど見分けのつかないような状況になっている．

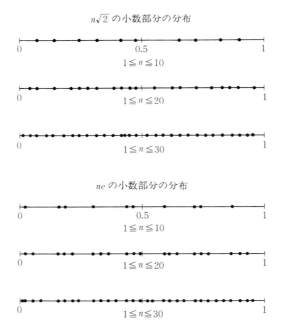

 このことから私たちは次のように推論することができるかもしれない．(3)と(4)はそれぞれまったく不規則な数列であるが，この不規則さは0と1の間に，いわば均等に分布されているのではなかろうか．(3)と(4)の示す徹底した不規則さは，数列の先を追うにしたがって，しだいにこれらの数列が0と1の間に一様に配置されているというある特別な性質を示してくるのかもしれない．それは不規則のもたらした逆説的な規則性とでもいうべきものだろう．

有理数の場合との対比

 (3)と(4)は，それぞれ無理数 $\sqrt{2}$ と e から出発して構成したものであった．では有理数から出発して同様にして数列をつくっていったらどうなるだろう．例として $\dfrac{31}{100}$ をとってみよう．このとき考える数列は

$$\frac{31}{100},\ \frac{62}{100},\ \frac{93}{100},\ \frac{24}{100},\ \frac{55}{100},\ \frac{86}{100},\ \frac{17}{100},\ \cdots$$

$$\qquad\qquad\qquad\quad \Uparrow\qquad\quad \Uparrow\qquad\quad \Uparrow\qquad\quad \Uparrow$$

$$\qquad\qquad\qquad \frac{124}{100}-1\ \frac{155}{100}-1\ \frac{186}{100}-1\ \frac{217}{100}-2$$

となる.

ところがこの数列の 100 項目は 0 となっている. なぜなら $\frac{31}{100}$ ×100＝31 は整数で, 小数点以下は 0 だからである. したがって, 上の数列は 101 項目から 199 項目までは, 1 項目から 99 項目までと同じ値をとることになる. そして 200 項目はまた 0 となる. すなわちこの数列は 100 項を循環節として循環しているのである. 数直線上の点として表わせば, 区間 [0,1] に記された 100 個の点の間を, この数列は規則正しく往き来しているのである. これは上に $\sqrt{2}$ や e の場合に考察したこととはまったく対照的である.

一様分布

20 世紀前半の大数学者ヘルマン・ワイルは, 1916 年に珠玉のような論文を発表した. それは無理数 $\sqrt{2}, e$ から出発してつくった数列 (3), (4) が私たちに示唆した性質は, 実はすべての無理数に対して成り立つということであった.

正確な定義はあと回しにして述べれば, それは

"無理数 γ をとる. このとき数列

$$n\gamma - [n\gamma] \qquad (n=1,2,\cdots)$$

を表わす点は, 区間 [0,1] 上に一様に分布している".

という事実である.

ところで, 一様に分布しているという性質は, どのようなことだろうか. それは数列

$$x_n = n\gamma - [n\gamma] \qquad (n=1,2,\cdots)$$

が, 区間 [0,1] をどこでもほとんどすき間のないような状況でおおいつくしているということだろう. 浜辺の砂が海岸線をおおうように, $x_n\,(n=1,2,\cdots)$ は [0,1] をおおっているのである.

ワイルはこの性質を次のように考えて，定式化した．たとえば数列の 1000 項までをとって

$$x_1, \ x_2, \ x_3, \ \cdots, \ x_{1000}$$

の分布に注目するときに，もしこれがほぼ一様に区間 $[0,1]$ に分布しているならば，区間 0 と $\frac{1}{2}$ の間に含まれる x_i の個数は約 500 となるだろう．また，0 と $\frac{1}{3}$ の間に含まれる x_i の個数は，$\frac{1}{3}$ と $\frac{2}{3}$ の間に含まれる x_i の個数とほぼ等しくて，それは約

$$\frac{1000}{3} \fallingdotseq 333$$

となるだろう．あるいはこの関係は

$$\frac{333}{1000} \fallingdotseq \frac{1}{3}$$

と書いてもよい．もう少し一般にいえば長さ $\frac{1}{3}$ の区間を勝手にとると，$x_1, x_2, \cdots, x_{1000}$ のうちの約 333 個は，この区間に含まれていると考えてよい．

もっと一般にいえば $0 \leqq a < b \leqq 1$ となる a, b を勝手にとって区間 $[a, b]$ を考えると，この区間の長さは $b-a$ である．そこで $a \leqq x_i \leqq b$ をみたす x_i の個数を

$$\#\{i \,|\, a \leqq x_i \leqq b \,;\, 1 \leqq i \leqq 1000\}$$

と書くことにすると

$$\frac{\#\{i \,|\, a \leqq x_i \leqq b \,;\, 1 \leqq i \leqq 1000\}}{1000} \fallingdotseq b-a$$

となっているだろう．

しかしこれはあくまで近似的である．ワイルは，$x_1, x_2, \cdots, x_n$ で $n \to \infty$ とした極限状態で，この近似式が等号へと変わるときに，数列 $\{x_n\}$ は区間 $[0,1]$ で一様分布していると定義したのである：

> **定義** 区間 $[0,1]$ に含まれる数列 $\{x_n\}$ が，$0 \leqq a < b \leqq 1$ に対し，つねに
>
> $$\lim_{n \to \infty} \frac{\#\{i \,|\, a \leqq x_i \leqq b \,;\, 1 \leqq i \leqq n\}}{n} = b-a$$

をみたすとき，数列 $\{x_n\}$ は区間 $[0,1]$ で**一様分布**しているという．

そしてワイルは次の定理を証明したのである．

定理 γ を無理数とすると，数列
$$n\gamma - [n\gamma], \quad n = 1, 2, \cdots$$
は，区間 $[0, 1]$ で一様分布している．

ワイルはこの定理を，連続関数は三角多項式によって一様に近似されるというフェイェールの定理を用いることによって証明した．それは天才のひらめきとでもいうべきものである．

オイラーの公式を用いるフーリエ級数の表示

ワイルの証明には，いままでの三角多項式やフーリエ級数を，オイラーの公式を用いて，e^{inx} の式で書き直しておくことが必要となる．そのため，そのことについて少し触れておこう．

第2週で述べたように，複素数まで用いることにすると，cos と sin は，オイラーの公式にしたがって
$$e^{ix} = \cos x + i \sin x$$
と表わされ，指数関数として1つにまとめられる．逆にこの関係を用いると次のように表わされる：

$$\cos nx = \frac{1}{2}(e^{inx} + e^{-inx})$$
$$\sin nx = \frac{-i}{2}(e^{inx} - e^{-inx})$$
(5)

この cos と sin の表わし方を使うと，いままでたびたび登場してきた $f \in \mathcal{C}^0[-\pi, \pi]$ のフーリエ級数

$$\frac{1}{2}a_0 + \sum_{n=1}^{\infty}(a_n \cos nx + b_n \sin nx) \tag{6}$$

はどのように書き直されるかをみておこう．(5)を(6)に代入して整

理すると

$$\frac{1}{2}a_0+\frac{1}{2}\left\{\sum_{n=1}^{\infty}(a_n-ib_n)e^{inx}+\sum_{n=1}^{\infty}(a_n+ib_n)e^{-inx}\right\}$$

となる．こんどは e^{inx} と e^{-inx} ($n=1,2,\cdots$) が現われる級数となっている．また定数項は e^{inx} の $n=0$ に対応する項とみることができる．そうすると上の級数は

$$\sum_{n=-\infty}^{\infty}c_n e^{inx}$$

と表わすことができる．ここで

$$c_0=\frac{1}{2}a_0, \quad c_n=\frac{1}{2}(a_n-ib_n) \qquad n\geqq 1$$
$$c_n=\frac{1}{2}(a_{-n}+ib_{-n})=\overline{c_n} \qquad n\leqq -1 \tag{7}$$

である．また級数の意味は

$$\lim_{N\to\infty}\sum_{n=-N}^{N}c_n e^{inx}$$

である．

なおついでだが，(7)はフーリエ係数の定義にもどると

$$c_n=\frac{1}{2\pi}\int_{-\pi}^{\pi}f(x)(\cos nx-i\sin nx)dx$$
$$=\frac{1}{2\pi}\int_{-\pi}^{\pi}f(x)e^{-inx}dx \qquad (n=0,\pm 1,\pm 2,\cdots)$$

と表わされることを注意しておこう．

フェイェールの定理は，$f\in\mathcal{C}^0[-\pi,\pi]$ に対し，f のフーリエ級数の部分和の平均が，f に一様収束するということを述べていた．したがって，フーリエ級数を上のように書き表わしてみると，フェイェールの定理は，$f\in\mathcal{C}^0[-\pi,\pi]$ は，ある三角多項式

$$\sum_{k=-N}^{N}\alpha_k e^{ikx} \qquad (\alpha_{-k}=\overline{\alpha_k})$$

によって一様に近似することができる，といい表わされることになる．

定理の証明に向けて

まず次のことを注意しておこう．私たちは今まで数直線上で定義された周期 2π をもつ連続関数を取り扱うのに，$f(x+2\pi)=f(x)$ という周期性によって，区間 $[-\pi,\pi]$ で調べれば十分であるという立場をとってきた．そしてその立場を強調するために $\mathcal{C}^0[-\pi,\pi]$ という記号を用いてきた．

だがいまは，その視点をもとにもどして，$f \in \mathcal{C}^0[-\pi,\pi]$ というときには，私たちは，数直線全体で定義された周期 2π の連続関数を考えることにする．f のグラフは数直線全体を，周期 2π の波としてどこまでも波打っていくという描像をもつことにしよう．もちろんそのように考えてもフェイェールの定理は周期性によって，そのままの形で成り立っている．すなわち $f \in \mathcal{C}^0[-\pi,\pi]$ は，適当な三角多項式によって，**数直線上で一様に近似されるのである**．

定理を示すためには，次の定理（！）を証明することが主要なステップとなっている．

定理（！） γ を無理数とする．このとき $f \in \mathcal{C}^0[-\pi,\pi]$ に対し，$n \to \infty$ のとき

$$\frac{f(2\pi\gamma)+f(2\pi\cdot 2\gamma)+f(2\pi\cdot 3\gamma)+\cdots+f(2\pi\cdot n\gamma)}{n}$$

$$\longrightarrow \frac{1}{2\pi}\int_{-\pi}^{\pi} f(x)dx$$

が成り立つ．

［証明］証明を見やすくするために，$f \in \mathcal{C}^0[-\pi,\pi]$ に対し

$$\Lambda_n(f) = \frac{1}{n}\sum_{p=1}^{n} f(2\pi p\gamma) - \frac{1}{2\pi}\int_{-\pi}^{\pi} f(x)dx \qquad (8)$$

とおくことにしよう．そうすると，証明すべきことは，すべての f に対し

$$\Lambda_n(f) \longrightarrow 0 \quad (n \to \infty) \qquad (*)$$

が成り立つということである．

(*)の証明は，次の4段階にわけて順次示していく．

第1段階：$f(x)=1$（定数関数）に対しては(*)は成り立つ．

第2段階：k が0と異なる整数のとき，$f(x)=e^{ikx}$ に対しては(*)は成り立つ．（ここでは複素数値をとる関数 e^{ikx} に対しても，Λ_n の定義を用いている．）

第3段階：三角多項式

$$P(x) = \sum_{k=-N}^{N} \alpha_k e^{ikx}$$

に対しては(*)は成り立つ．

第4段階：どんな $f \in \mathcal{C}^0[-\pi, \pi]$ に対しても(*)は成り立つ．

[第1段階の証明] $\Lambda_n(1) = \dfrac{\overbrace{1+1+\cdots+1}^{n}}{n} - \dfrac{1}{2\pi}\displaystyle\int_{-\pi}^{\pi} 1\, dx = 1-1 = 0$.

[第2段階の証明] $f(x)=e^{ikx}$ $(k=\pm 1, \pm 2, \cdots)$ とする．

$$|\Lambda_n(e^{ikx})| = \left|\frac{1}{n}\sum_{p=1}^{n} e^{2\pi ik p \gamma} - \frac{1}{2\pi}\int_{-\pi}^{\pi} e^{ikx} dx\right|$$

$$= \left|\frac{1}{n} e^{2\pi ik\gamma} \sum_{p=0}^{n-1} e^{2\pi ik p\gamma} - 0\right|$$

$$= \left|\frac{1}{n} e^{2\pi ik\gamma} \frac{1-e^{2\pi ikn\gamma}}{1-e^{2\pi ik\gamma}}\right| \quad \text{(等比数列の和)}$$

$$= \frac{1}{n}\left|\frac{1-e^{2\pi ikn\gamma}}{1-e^{2\pi ik\gamma}}\right| \quad (|e^{2\pi ik\gamma}|=1)$$

$$\leq \frac{1}{n} \frac{2}{|1-e^{2\pi ik\gamma}|} \longrightarrow 0 \quad (n\to\infty)$$

ここで γ は無理数であり，したがってどのような k に対しても $k\gamma \neq$ 整数となることを用いている．

[第3段階の証明] すぐ確かめられるが $\Lambda_n(f+g) = \Lambda_n(f) + \Lambda_n(g)$；$\Lambda_n(\alpha f) = \alpha \Lambda_n(f)$ (α は定数)が成り立つ．したがって

$$P(x) = \sum_{k=-N}^{N} \alpha_k e^{ikx}$$

に対して

$$\Lambda_n(P) = \sum_{k=-N}^{N} \alpha_k \Lambda_n(e^{ikx}) \longrightarrow 0 \quad (n\to\infty)$$

［第4段階の証明］ $f\in \mathcal{C}^0[-\pi,\pi]$ とする．どんな小さい正数 ε をとっても，フェイェールの定理から，ある三角多項式 $P(x)$ があって

$$|f(x)-P(x)|<\varepsilon$$

となる．このとき

$$\left| \frac{1}{n}\sum_{p=1}^{n} f(2\pi p\gamma) - \frac{1}{n}\sum_{p=1}^{n} P(2\pi p\gamma) \right|$$

$$= \frac{1}{n}\left| \sum_{p=1}^{n} \{f(2\pi p\gamma)-P(2\pi p\gamma)\} \right| < \varepsilon$$

また

$$\left| \frac{1}{2\pi}\int_{-\pi}^{\pi} f(x)dx - \frac{1}{2\pi}\int_{-\pi}^{\pi} P(x)dx \right| < \varepsilon$$

この2式から

$$|\Lambda_n(f)-\Lambda_n(P)|<2\varepsilon$$

となることがわかる．第3段階から，n を十分大きくとると

$$|\Lambda_n(P)|<\varepsilon$$

が成り立つ．したがってこの n に対しては

$$|\Lambda_n(f)| \leqq |\Lambda_n(f)-\Lambda_n(P)|+|\Lambda_n(P)|$$
$$< 3\varepsilon$$

これで，$n\to\infty$ のとき，$\Lambda_n(f)\to 0$ となることが示された．

(定理(!)の証明終り)

定理の証明

定理(!)から，無理数 γ の一様分布性を導くワイルのアイディアは簡潔で明快である．その明快さを伝えるために，ここでは，ε,δ を用いるような細かい証明のテクニックには立ち入らないで，本質的な内容だけを伝えることにしよう．

わかりやすいように2つの場合にわけて考えよう．

（I） $0 \leqq a < b \leqq \dfrac{1}{2}$ のとき

このとき，区間 $[-\pi, \pi]$ で，$2\pi a \leqq x \leqq 2\pi b$ では 1, それ以外では 0 となるような不連続関数を，台地型の連続関数 $\tilde{f}(x)$ で，図(A) のように近似しておく．この図(A) は $\tilde{f}(x)$ のグラフを示しているが $x=2\pi a$, $x=2\pi b$ の近くでは，$\tilde{f}(x)$ のグラフはほぼ y 軸に平行となるような，急な傾きをもつ線分となっている．この関数 $\tilde{f}(x)$ を周期性によって，数直線上全体に拡張して得られる関数を $f(x)$ とする．$f(x)$ のグラフは図(B) で示してある．

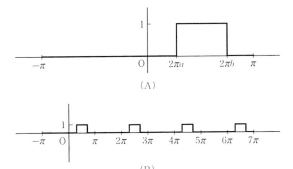

この関数 $f(x)$ に対して，定理 (!) を適用した場合，
$$\Lambda_n(f) \longrightarrow 0 \quad (n \to \infty) \tag{9}$$
は何を意味するのだろうか．

まず $f(2\pi p\gamma)$ は 0 と 1 のいずれかである．（ここでも厳密には，$\tilde{f}(x)$ の方でいえば $x=2\pi a$ と $x=2\pi b$ の近くでは，$\tilde{f}(x)$ のグラフは傾斜しているので，$\tilde{f}(x)$ はそこでは 0 と 1 以外の値もとる．しかし，ここではこのような論点の微細な部分は省くことにする．）

$f(2\pi p\gamma)=1$ となるのは，図(B) のグラフからもわかるように，p が
$$2\pi l + 2\pi a \leqq 2\pi p\gamma \leqq 2\pi l + 2\pi b \quad (l=0, \pm 1, \pm 2, \cdots)$$
をみたすとき，すなわち
$$l + a \leqq p\gamma \leqq l + b \quad (l=0, \pm 1, \pm 2, \cdots)$$
をみたすときである．$0 \leqq a < b \leqq \dfrac{1}{2}$ に注意すると，この式は
$$a \leqq p\gamma - [p\gamma] \leqq b$$

と書いてもよい．一方，$p\gamma$ がこの関係をみたさないような p に対しては，$f(2\pi p\gamma)=0$ となっている．

したがって

$$\frac{f(2\pi\gamma)+f(2\pi\cdot 2\gamma)+f(2\pi\cdot 3\gamma)+\cdots+f(2\pi\cdot n\gamma)}{n}$$

の分子は，ちょうど

$$\#\{p \mid a\leqq p\gamma-[p\gamma]\leqq b\,;\,p=1,2,\cdots,n\}$$

となっている．

一方，図(A)からすぐわかるように

$$\frac{1}{2\pi}\int_{-\pi}^{\pi}f(x)dx = b-a$$

(これも近似的であるが)となっている．

したがって $\Lambda_n(f)$ の定義(8)を参照すると，(9)は

$$\frac{\#\{p \mid a\leqq p\gamma-[p\gamma]\leqq b\,;\,p=1,2,\cdots,n\}}{n} \longrightarrow b-a \quad (n\to\infty)$$

を示している．これは証明すべき内容にほかならない．

これでいま考えている場合の定理の証明は終ったのである．

残った場合としては，次の2つの場合がある．

(Ⅱ) $0\leqq a<\dfrac{1}{2}\leqq b\leqq 1$

(Ⅲ) $\dfrac{1}{2}\leqq a<b\leqq 1$

(Ⅱ)の場合には，図(C)のグラフで示したような関数を用い，(Ⅲ)の場合には，図(D)のグラフで示したような関数を用いると，周期

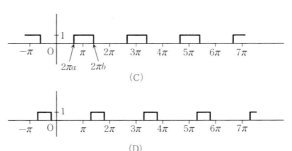

性によって，（Ⅰ）の場合とまったく同様にして定理を証明することができる．

このようにして，無理数 γ の示す一様分布の性質が完全に証明されたのである．

問題の解答

月曜日

[1] (1) 区間 $[a,b]$ で定義された連続関数の場合と同じように，どんな正数 ε をとっても，適当に正数 δ をとると
$$|x-x'|<\delta \quad \text{ならば} \quad |f(x)-f(x')|<\varepsilon$$
がつねに成り立つと定義するとよい．ただし区間 $[a,b]$ で考える場合と違って，$(-\infty, \infty)$ 上では一様連続でない連続関数はたくさん存在する．$y=x^2$, $y=x^3$, $y=e^x$ などは一様連続でない．

(2) 平均値の定理から，
$$f(x')-f(x) = f'(x+\theta(x'-x))\cdot(x'-x)$$
これから $|f(x')-f(x)|<K|x'-x|$ となる．したがって正数 ε に対して，$\delta=\dfrac{\varepsilon}{K}$ にとると，
$$|x'-x|<\delta \quad \text{ならば} \quad |f(x')-f(x)|<\varepsilon$$
となり，一様連続である．

(3) $y'=\dfrac{1}{1+x^2}$．したがって $|y'|\leqq 1$ となり，(2) から $y=\tan^{-1}x$ は一様連続であることがわかる．

[2] たとえば (2) は次のように示す．
$$\int_a^b \{f(x)+g(x)\}dx = \lim \sum \{f(\xi_k)+g(\xi_k)\}(x_k-x_{k-1})$$
$$= \lim \sum f(\xi_k)(x_k-x_{k-1}) + \lim \sum g(\xi_k)(x_k-x_{k-1})$$
$$= \int_a^b f(x)dx + \int_a^b g(x)dx$$

[3] $[a,b]$ の分点をとるとき，つねに c を分点の中に加えておいて，極限移行し積分を求めるとよい．

[5] (6) で用いた記号を使うと
$$m_k = f(x_{k-1}), \quad M_k = f(x_k)$$
したがって，$\delta=\text{Max}(x_k-x_{k-1})$ とおくと
$$\sum_{k=1}^n M_k(x_k-x_{k-1}) - \sum_{k=1}^n m_k(x_k-x_{k-1})$$
$$= \sum_{k=1}^n (M_k-m_k)(x_k-x_{k-1}) < \delta \sum_{k=1}^n (M_k-m_k)$$

$$= \delta \sum_{k=1}^{n} \{f(x_k) - f(x_{k-1})\} = \delta\{f(x_n) - f(x_0)\}$$

$$= \delta\{f(b) - f(a)\} \longrightarrow 0 \quad (\delta \to 0)$$

このことから，$f(x)$ が積分可能であることがわかる．

火曜日

[1] (1) $F(x) = \begin{cases} 1 - \cos x & 0 \leqq x \leqq \dfrac{\pi}{2} \\ \sin x & \dfrac{\pi}{2} < x \leqq \pi \end{cases}$

(2) $\displaystyle\lim_{\substack{h \to 0 \\ h > 0}} \dfrac{F\left(\dfrac{\pi}{2} - h\right) - F\left(\dfrac{\pi}{2}\right)}{h} = 1, \quad \lim_{\substack{h \to 0 \\ h > 0}} \dfrac{F\left(\dfrac{\pi}{2} + h\right) - F\left(\dfrac{\pi}{2}\right)}{h} = 0$

したがって $F(x)$ は $x = \dfrac{\pi}{2}$ で，左からの微分の値と，右からの微分の値が一致しない．

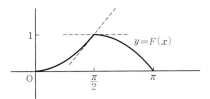

(3) $G(x) = \begin{cases} x - \sin x & 0 \leqq x \leqq \dfrac{\pi}{2} \\ \dfrac{\pi}{2} - 1 - \cos x & \dfrac{\pi}{2} < x \leqq \pi \end{cases}$

$x = \dfrac{\pi}{2}$ の近くでは，$G'\left(\dfrac{\pi}{2}\right) = 1$ だから，傾きがほとんど 1 に近い曲線となっている．

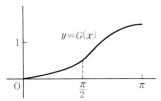

[2] 問題 [1] の関数 $G(x)$ をさらにもう一度積分して

$$H(x) = \int_0^x G(t) dt$$

とおくと，$H(x) \in C^2[-\pi, \pi]$ であるが，C^3-級ではない．

[3] 正数 ε をとったとき，ある番号 N がきまって

$$m>n\geqq N \quad \text{ならば} \quad \sum_{k=n+1}^{m}M_k<\varepsilon$$

となる．したがって x に無関係に，$m>n\geqq N$ のとき

$$|s_m(x)-s_n(x)|=\left|\sum_{k=n+1}^{m}f_k(x)\right|\leqq \sum_{k=n+1}^{m}|f_k(x)|\leqq \sum_{k=n+1}^{m}M_k<\varepsilon$$

が成り立つ．したがって関数列 $s_n(x)$ $(n=1,2,\cdots)$ は一様収束する．

[4] "先生との対話"で山田君の質問に対して，先生が示した例が，$C^0[-1,1]$ でそのような関数列を与えている．

水曜日

[1] 必要性：$\{f_n\}$, $\{g_n\}$ が同じ関数 φ に一様収束するとする．このとき，正数 ε に対してある番号 N があって

$$n\geqq N \quad \text{ならば} \quad \|f_n-\varphi\|<\frac{\varepsilon}{2},\ \|g_n-\varphi\|<\frac{\varepsilon}{2}$$

となる．したがって

$$m,n\geqq N \quad \text{ならば} \quad \|f_m-g_n\|\leqq \|f_m-\varphi\|+\|g_n-\varphi\|<\frac{\varepsilon}{2}+\frac{\varepsilon}{2}=\varepsilon$$

十分性：$f_n\to\varphi$, $g_n\to\tilde{\varphi}$ とする．このとき

$$\|\varphi-\tilde{\varphi}\|\leqq \|\varphi-f_n\|+\|f_n-g_n\|+\|g_n-\tilde{\varphi}\|$$

仮定から，右辺の真中の項は $n\to\infty$ のとき $\to 0$ となる．したがって $n\to\infty$ のとき，右辺 $\to 0$ となり，これから $\varphi=\tilde{\varphi}$ が得られる．

[2] (1) は $f(0)=0$ から明らか．(2) は $\dfrac{d}{dt}f(at)=\dfrac{d}{dx}f(at)\dfrac{dx}{dt}$, $\dfrac{dx}{dt}=a$ から，(3) は $\displaystyle\int_0^1\dfrac{d}{dx}f(at)dt=g(a)$ とおくと，積分記号の中で微分できて，$g(a)$ は a について C^∞-級となる．

[3] この級数の n 項までの和を $s_n(x)$ とすると，$m>n$ に対して

$$|s_{m-1}(x)-s_{n-1}(x)|=n^2x^2e^{-n^2x^2}-m^2x^2e^{-m^2x^2}$$
$$=n^2x^2e^{-n^2x^2}\left\{1-\left(\frac{m}{n}\right)^2e^{(n^2-m^2)x^2}\right\} \quad (1)$$

となる．ここで $y=t^2e^{-t^2}$ のグラフは図のように表わされることを注意しよう．

したがって自然数 n に対し，

$$x_n=\frac{1}{n}$$

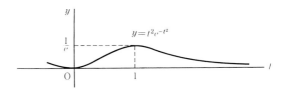

とおくと，$n^2 x_n^2 = 1$，したがってまた
$$n^2 x_n^2 e^{-n^2 x_n^2} = \frac{1}{e} \ (=0.3678\cdots) \qquad (2)$$
となる．一方，n を1つとめて $m \to \infty$ とすると
$$1 - \left(\frac{m}{n}\right)^2 e^{(n^2-m^2)x_n^2} \longrightarrow 1 \qquad (3)$$
となる．

もし $\{s_n(x)\}$ が一様収束するならば，ε として $\frac{1}{3}$ をとったとき，ある番号 N があって，すべての x で
$$m, n \geq N \quad \text{ならば} \quad |s_{m-1}(x) - s_{n-1}(x)| < \frac{1}{3} \qquad (4)$$
とならなくてはいけない．しかし (1), (2), (3) を見ると m を十分大きくとると
$$s_{m-1}(x_N) - s_{N-1}(x_N) > \frac{1}{3}$$
となっている．これは (4) に反する．したがって $\{s_n(x)\}$ は一様収束しない．

[4] $\int_0^x (-2n^2 x e^{-n^2 x^2}) dx = e^{-n^2 x^2} \Big|_0^x = e^{-n^2 x^2} - 1$

により，左辺の級数を0からx まで項別積分すると
$$\sum_{n=1}^{\infty} \{e^{-n^2 x^2} - e^{-(n+1)^2 x^2}\} = e^{-x^2}$$
一方，右辺を0から x まで積分すると $e^{-x^2}-1$．この2つの結果が一致しないことは，項別積分できないことを示している．

木曜日

[1] (1) $f(x)$ が偶関数のとき，$f(x)$ の sin に関するフーリエ係数 b_n ($n=1,2,\cdots$) はすべて0となる．実際

$$\pi b_n = \int_{-\pi}^{\pi} f(x)\sin nx\,dx = \int_{0}^{\pi} f(x)\sin nx\,dx + \int_{-\pi}^{0} f(x)\sin nx\,dx$$

$$= \int_{0}^{\pi} f(x)\sin nx\,dx + \int_{0}^{\pi} f(-x)\sin n(-x)\,dx$$

$$= \int_{0}^{\pi} f(x)\sin nx\,dx - \int_{0}^{\pi} f(x)\sin nx\,dx = 0$$

したがってフェイェールの証明に現われた $f(x)$ を近似する三角多項式

$$S_n(x) = \frac{s_1(x) + s_2(x) + \cdots + s_n(x)}{n}$$

は cos だけが現われる三角多項式となっている.

(2) $f(x)$ が奇関数のときには,$f(x)$ の cos に関するフーリエ係数 a_n ($n=1,2,\cdots$) はすべて 0 となることを確かめるとよい.

[2] (1) $\cos 3x = \cos(2x+x) = \cos 2x\cos x - \sin 2x\sin x$
$\qquad\qquad = (2\cos^2 x - 1)\cos x - 2\sin^2 x\cos x$
$\qquad\qquad = 4\cos^3 x - 3\cos x \qquad (\sin^2 x = 1 - \cos^2 x)$

$\cos 4x = \cos 2(2x) = 2\cos^2 2x - 1 = 2(2\cos^2 x - 1)^2 - 1$
$\qquad\qquad = 8\cos^4 x - 8\cos^2 x + 1$

(3) $\cos n\theta = \cos((n-1)\theta + \theta) + \cos((n-1)\theta - \theta) - \cos(n-2)\theta$
$\qquad\qquad = 2\cos(n-1)\theta\cos\theta - \cos(n-2)\theta$

$\cos(n-1)\theta$ が $\cos\theta$ に関する $(n-1)$ 次式 $T_{n-1}(\cos\theta)$ と表わされ,$\cos(n-2)\theta$ が $\cos\theta$ に関する $(n-2)$ 次式 $T_{n-2}(\cos\theta)$ で表わされると仮定すると,この式から

$$\cos n\theta = T_n(\cos\theta)$$

と表わされることがわかる.ここで $T_n(t)$ は n 次式である.

(4) (3) の証明からわかる.

[3] (2) 問題の中に書かれている不等式が

$$\left| f(\cos t) - \sum_{k=0}^{n} A_k \cos kt \right| < \varepsilon$$

と表わされることに注意し,ここで $x = \cos t$ とおき $\cos kt = T_k(\cos t) = T_k(x)$ とおくとよい.

金曜日

[1] $h(x) = f(x) - g(x)$ とおくと,h のフーリエ係数はすべて 0 となる.

したがってパーセバルの等式の右辺は 0 となり，$\|h\|=0$ となることがわかる．これから $h=0$ が結論できる．

[2] (1)　部分積分をつかって

$$\int e^x \cos nx\, dx = e^x \cos nx + n \int e^x \sin nx\, dx$$

$$\int e^x \sin nx\, dx = e^x \sin nx - n \int e^x \cos nx\, dx$$

この 2 式から

$$\int e^x \cos nx\, dx = e^x \frac{\cos nx + n \sin nx}{1+n^2}$$

$$\int e^x \sin nx\, dx = e^x \frac{\sin nx - n \cos nx}{1+n^2}$$

(2)　e^x のフーリエ係数は

$$a_0 = \frac{1}{\pi} \int_{-\pi}^{\pi} e^x dx = \frac{1}{\pi}(e^\pi - e^{-\pi})$$

$$a_n = \frac{1}{\pi} \int_{-\pi}^{\pi} e^x \cos nx\, dx = \frac{(-1)^n}{\pi} \frac{e^\pi - e^{-\pi}}{1+n^2}$$

$$b_n = \frac{1}{\pi} \int_{-\pi}^{\pi} e^x \sin nx\, dx = \frac{(-1)^{n+1}}{\pi} \frac{n(e^\pi - e^{-\pi})}{1+n^2}$$

したがって

$$e^x = \frac{1}{2\pi}(e^\pi - e^{-\pi}) + \sum_{n=1}^{\infty} \frac{(-1)^n}{\pi} \frac{e^\pi - e^{-\pi}}{1+n^2} \cos nx$$

$$+ \sum_{n=1}^{\infty} \frac{(-1)^{n+1}}{\pi} \frac{n(e^\pi - e^{-\pi})}{1+n^2} \sin nx$$

（注意：$e^{ix} = \cos x + i \sin x$ とくらべてみると，e^x という関数は，変数が実数と純虚数とでは，全然別の顔を示していることがよくわかる．）

[3]　パーセバルの等式

$$\int_{-\pi}^{\pi} f(x)^2 dx = \frac{\pi}{2} a_0^2 + \pi \left(\sum_{n=1}^{\infty} a_n^2 + \sum_{n=1}^{\infty} b_n^2 \right)$$

を用いると，いまの場合左辺は

$$\int_{-\pi}^{\pi} \left(\frac{x}{2} \right)^2 dx = \frac{1}{4} \int_{-\pi}^{\pi} x^2 dx = \frac{1}{6} \pi^3$$

となる．一方，$a_0 = b_n = 0$，$a_n = (-1)^{n-1} \frac{1}{n}$ である．このことに注意する

と，求める式が得られる．

土曜日

[1] 正数 ε を1つとる．自然数 n に対し，n を分母とする有理数

$$\frac{1}{n}, \frac{2}{n}, \cdots, \frac{n}{n}$$

のそれぞれを $\dfrac{\varepsilon}{2^n n}$ の区間でおおう．たとえば $\dfrac{k}{n}$ は区間 $\left[\dfrac{k}{n}-\dfrac{\varepsilon}{2^{n+1}n}, \dfrac{k}{n}+\dfrac{\varepsilon}{2^{n+1}n}\right]$ でおおう．この区間の長さの総和は $\dfrac{\varepsilon}{2^n}$ である．$n=1,2,\cdots$ とすると区間 $[0,1]$ にあるすべての有理数はこれらの区間でおおえる．その区間の長さの総和は

$$\sum_{n=1}^{\infty}\frac{\varepsilon}{2^n}=\varepsilon$$

である！（説明の便宜上，0 ははぶいたが，1 点 0 はいくらでも小さい区間でおおえる．）

[2] (1) $\dfrac{1}{4}(\|f+g\|^2-\|f-g\|^2)=\dfrac{1}{4}\{(f+g,f+g)-(f-g,f-g)\}$
$$=(f,g)$$

(2) $(f,g)=\displaystyle\int_{-\pi}^{\pi}f(x)g(x)dx=\dfrac{1}{4}(\|f+g\|^2-\|f-g\|^2)$

この右辺はパーセバルの等式により

$$\frac{1}{4}\left\{\frac{\pi}{2}(a_0+a_0')^2+\pi\left(\sum_{n=1}^{\infty}(a_n+a_n')^2+\sum_{n=1}^{\infty}(b_n+b_n')^2\right)\right.$$
$$\left.-\frac{\pi}{2}(a_0-a_0')^2-\pi\left(\sum_{n=1}^{\infty}(a_n-a_n')^2+\sum(b_n-b_n')^2\right)\right\}$$

この級数は絶対収束しているから，たとえば項の順序をとりかえて

$$\sum_{n=1}^{\infty}\{(a_n+a_n')^2-(a_n-a_n')^2\}=4\sum_{n=1}^{\infty}a_n a_n'$$

のように計算してもよい．その結果は

$$\frac{\pi}{2}a_0 a_0'+\pi\left(\sum_{n=1}^{\infty}a_n a_n'+\sum_{n=1}^{\infty}b_n b_n'\right)$$

となる．

索　引

あ 行

アーベル　　48, 49, 128
一様収束　　44, 46
　　——と積分　　47
　　——と微分　　47
　　級数の——　　48
　　連続関数を項とする級数の——　　62
一様分布　　173
一様連続　　7
エコール・ノルマール　　103
エコール・ポリテクニク　　103
エジプト遠征　　103
エジプト研究所　　103
L^1-空間　　163
L^1-ノルム　　153
L^2-空間　　163
L^2-ノルム　　115, 142
オイラー　　2, 3, 21, 101, 128, 131

か 行

外面積　　161
ガウス　　102
ガウス記号　　168
下積分　　16
加法定理　　86, 95
関数空間　　59
カントル　　160
カントル集合　　148
完備　　58
完備化
　　L^1-ノルムによる——　　157, 163
完備性　　60, 153
　　$C^0[a,b]$ の——　　44
　　$C^1[a,b]$ の——　　61
　　$C^k[a,b]$ の——　　62
　　$C^\infty[a,b]$ の——　　78
　　$L^1[-\pi,\pi]$ の——　　157
　　$L^2[-\pi,\pi]$ の——　　158
局所化　　79

距離　　41, 42
区分求積法　　30
弦の振動の問題　　131
項別積分の定理　　63
項別微分
　　高階の場合の——　　64
項別微分の定理　　63
コーシー　　21, 30, 48, 49, 75, 101
コーシーの収束条件　　44
コルモゴロフ　　164

さ 行

ザイデル　　74
三角多項式　　90
　　——による近似　　91
三角不等式　　43, 117
3進無限小数　　149
C^∞-関数　　69
　　台地型の——　　73, 79, 80, 106
C^0-級の関数　　37
C^1-級の関数　　37
C^2-級の関数　　37
C^k-級の関数　　37
C^∞-級の関数　　68
実関数論　　94, 102
ジャンプ　　126
シャンポリオン　　104
周期関数　　88
シュワルツ　　166
シュワルツの不等式　　116
上積分　　16
ジョルダン　　161
振動数　　112
振幅　　22, 112
数理科学　　105
正規直交系　　117
正弦波　　112
積分　　17, 30
積分可能　　17, 18, 19
　　——な関数　　33, 35
積分できない関数　　26

積分的な見方　84

た 行

台地　79
ダランベール　21, 101
ダルブー　74, 75
ダルブーの定理　17
単調増加　26
チェビシェフの多項式　107
近さ
　　関数相互の——　40
近づく　43
跳躍量　22
調和解析　102
直交　113
直交系　113
定積分　20, 30
ディリクレ　21, 27
デデキント　30
デニの定理　54
デュ・ボア・レイモン　74, 75
デュ・ボア・レイモンの問題　165
点集合論　160
トメ　75

な 行

内積　115
内面積　161
ナポレオン　103, 104
滑らかな関数　68
2変数の関数　65
ニュートン力学　102
熱伝導の数学的理論　102, 104
ノルム　43
　　一様収束に関する——　142

は 行

パーセバルの定理　121
パーセバルの等式　122
ハイネ　21, 75
波形の分析　112
バナッハ　55
微積分の基本公式　36

微分可能な関数　32, 35
微分できない関数　54, 110
微分的な見方　84
フーリエ　21, 49, 102, 104, 105, 131-138
フーリエ級数　91, 94, 119
フーリエ係数　91, 119
フェイェール　91, 97, 105
フェイェールの定理　91
不定積分　20, 37
フランス科学アカデミー　105
フランス大革命　102
不連続関数　32
不連続点　126
平均2乗収束　144
平均的挙動　146
ベッセルの不等式　119
ベルトレ　103, 104
ベルヌーイ　21, 101, 131
偏微分　64, 65
ホルンボエ　49
ボレル　162

ま 行

無理数　168
面積　10, 30, 160
　　グラフの——　4, 9
面積確定　161
モンジュ　103, 104, 105

や 行

有理数の集合　161
余弦波　112

ら 行

ライプニッツの級数　127
ラグランジュ　21, 101, 103, 104
ラクロア　104
ラプラス　101, 103, 104
リーマン　21, 25, 30, 102, 160
ルベーグ　102, 162
ルベーグ可積分関数　157
ルベーグ可測な集合　163
ルベーグ積分　152, 156, 157

ルベーグ積分論　163
零集合　150
連続　4
連続関数　7, 32, 35
　　——の空間　50, 51, 58
　　——を項とする級数　47
　　2変数の——　65

ロベスピエール　102

わ行

ワイエルシュトラス　3, 49, 54, 75
ワイエルシュトラスの多項式近似定理　107
ワイル　171

■岩波オンデマンドブックス■

数学が育っていく物語　第3週
積分の世界——一様収束とフーリエ級数

	1994年6月6日　第1刷発行
	2000年6月26日　第5刷発行
	2018年9月11日　オンデマンド版発行

著　者　　志賀浩二(しがこうじ)

発行者　　岡本　厚

発行所　　株式会社　岩波書店
　　　　　〒101-8002　東京都千代田区一ツ橋2-5-5
　　　　　電話案内　03-5210-4000
　　　　　http://www.iwanami.co.jp/

印刷／製本・法令印刷

Ⓒ Koji Shiga 2018
ISBN 978-4-00-730810-9　　Printed in Japan